Interim Manager berichten aus der Praxis

Marken-Risiko-Management

Brand-Gefahren: Feuer vermeiden und löschen

Autor: Jochen J. Schmahl

Reihe: Von Interim Managern lernen

Herausgeber: Dr. Harald Schönfeld

Jochen J. Schmahl
Interim Manager

Interim Manager berichten aus der Praxis

Marken-Risiko-Management

Brand-Gefahren: Feuer vermeiden und löschen

Mit einem Vorwort von Hang Nguyen, Generalsekretärin Diplomatic Council, und einer Einführung von Dr. Harald Schönfeld, Gründer/Geschäftsführer United Interim

Reihe „Von Interim Managern lernen"
Hrsg: Dr. Harald Schönfeld

Diplomatic Council Publishing

1. Auflage 2023

Alle Bücher von Diplomatic Council Publishing werden sorgfältig erarbeitet. Dennoch übernehmen Autoren, Herausgeber und Verlag in keinem Fall einschließlich des vorliegenden Werkes, für die Richtigkeit von Angaben, Hinweisen und Ratschlägen sowie für eventuelle Druckfehler irgendwelche Haftung.

 Sämtliche Inhalte in diesem Buch geben die Ansichten und Meinungen der Autoren wieder. Diese müssen nicht zwangsläufig den Meinungen und/oder Ansichten des Diplomatic Council und/oder seiner Mitglieder entsprechen. Die Autoren tragen die alleinige Verantwortung für ihre Texte einschließlich aller Abbildungen und Grafiken.

Hinweis zu gendergerechter Sprache

In diesem Werk wie in allen Büchern des Verlages ist mit dem generischen Maskulinum, zum Beispiel „Manager" oder „Entscheider" stets die sexusindifferente Bezeichnung gemeint, also alle Geschlechter. Abweichungen von dieser Regel werden sprachlich eindeutig gekennzeichnet, zum Beispiel durch Worte wie „männlich" oder „weiblich".

Bibliografische Informationen der Deutschen Nationalbibliothek

Die Deutsche Nationalbibliothek verzeichnet die Publikation in der Deutschen Nationalbibliografie; detaillierte bibliografische Daten sind im Internet über http://dnb.d-nb.de abrufbar. Printed in the Federal Republic of Germany.

Gedruckt auf säurefreiem Papier.

Gestaltung, Cover, Satz: IMS International Media Services, Wiesbaden

Print ISBN: 978-3-98674-069-6

E-Book ISBN: 978-3-98674-070-2

Dieses Fachbuch ist anders ... und das ganz bewusst

Eine Anmerkung des Verlages

Der Autor des vorliegenden Buches legt großen Wert darauf, seine Leserschaft mit einem „Sie“ direkt anzusprechen. Das ist bei Fachbüchern unüblich, um die Neutralität und Sachlichkeit der Argumentation nicht zu beeinträchtigen.

Doch der Autor hält entgegen, dass er nur mit einer solchen Direktansprache die Leidenschaft, mit der er für sein Thema „brennt“, vermitteln kann. Das Verlagslektorat hat diesem Drängen nachgegeben, weil das Werk tatsächlich von Leidenschaft geprägt ist, der man anmerkt, dass Jochen J. Schmahl nicht nur über jahrzehntelange Erfahrung auf seinem Gebiet verfügt, sondern auch mit „Leib und Seele“ dabei ist. Man spürt beim Lesen geradezu die Vortragssituation, wenn er auf einer Bühne steht, um über Brand Management zu reden, und das Publikum an seinen Lippen hängt. Um dieses Gefühl der Präsenz vor Ort beim Lesen zu vermitteln, werden SIE in diesem Buch direkt angesprochen.

Die Verlagsleitung

Widmung

Für mein tatkräftiges, ergebnisreiches und sportliches Unternehmervorbild Hans-Joachim Schmahl

Inhalt

Vorwort des Diplomatic Council

Es gibt keine anderen Führungskräfte als Interim Manager, die im Laufe ihres Berufslebens so viele Unternehmen und so viele verschiedene unternehmerische Herausforderungen kennenlernen. Daher wurde es höchste Zeit, eine eigene Buchreihe „Von Interim Managern lernen" aufzulegen, um dieses geballte Know-how zu bündeln und einer breiteren Fachöffentlichkeit zugänglich zu machen. In diesem Kontext ist die vorliegende Veröffentlichung des Interim Managers Jochen J. Schmahl zu betrachten.

Das Diplomatic Council (DC), ein globaler Think Tank mit Beraterstatus bei den Vereinten Nationen (UNO), hat sich United Interim (UI), das führende Netzwerk qualifizierter Interim Manager im deutschsprachigen Raum, zum Partner gewählt. Der Herausgeber der Buchreihe, Dr. Harald Schönfeld, ist zugleich einer der Gründer und Geschäftsführer von United Interim; er kennt daher dieses Marktsegment besser als irgendjemand anderes. Dieses Wissen gepaart mit einem langjährig entwickelten, vertrauensvollen und persönlichen Verhältnis zu praktisch allen qualifizierten Interim Managern von Relevanz im deutschsprachigen Raum gewährleistet, dass in der Buchreihe „Von Interim Managern lernen" tatsächlich nur die Besten der Besten zu Wort kommen.

Dieses geballte Know-how stellen wir einmal mehr im Band „Interim Manager berichten aus der Praxis: Marken-Risiko-Management" zur Verfügung. Der Autor Jochen J. Schmahl könnte nicht besser für dieses Thema geeignet sein. Seiner Leidenschaft für Marketing frönt er als freiberuflicher Unternehmensberater und Interim Manager seit mehr als 25 Jahren unter der Marke

„BrandRelationship Consulting". Über 125 Marketingprojekte bei 40 Unternehmen aus 30 Branchen, 265 Marketing- und Consultingtrainings mit mehr als 5.000 Teilnehmern bei renommierten Unternehmen und Hochschulen – diesen Erfahrungsschatz hat er im vorliegenden Werk dankenswerterweise zusammengefasst.

Daher ist dieses Buch jedem Entscheidungsträger und jedem Interessierten in Sachen Marketing wärmstens ans Herz zu legen. Für jeden, der Verantwortung für Markenführung trägt, zählt es zur Pflichtlektüre.

Doch es geht nicht nur ums Lesen: Wer tatkräftige Unterstützung bei Strategie und/oder Umsetzung benötigt, kann den Verfasser des Buches direkt ansprechen. Sein Profil inklusive Kontaktdaten befindet sich in der Sektion „Über den Autor" am Ende des Werkes. Denn Jochen J. Schmahl ist nicht in erster Linie Autor, sondern er ist vor allem Interim Manager, der eben nicht nur mit Rat, sondern insbesondere auch mit Tat zur Seite steht.

In diesem Sinne wünsche ich dem neuen Band einen guten Start, mögen die geneigten Leserinnen und Leser ein Maximum an Nutzen aus der Lektüre ziehen. Mein Dank gilt dem Interim Manager Jochen J. Schmahl, der sich die Zeit genommen hat und bereit ist, sein profundes Know-how in diesem Werk darzustellen, und natürlich dem Herausgeber; beide haben sich um die hohe Qualität verdient gemacht.

Hang Nguyen

Generalsekretärin Diplomatic Council

Ein Brandbrief: Vorsicht, heiß!

Ein Vorwort des Autors

Haben Sie aus den letzten Krisen gelernt und sind Sie für die nächste Marken-Prüfung gewappnet?

Wenn Sie Risiken verdrängen, könnte Ihre Marke großen Schaden erleiden. Das Aufschieben von „Feuerschutz" ist das heikelste Thema in der Marken-Führung.

Kein anderes Unterlassen führt zu so vielen existenzgefährdenden Schäden für Ihren „Schatz" – und Ihre Karriere.

Marken-Risiken sind ein „Schwach- und Schmerzpunkt", welcher naiverweise in Wissenschaft und Praxis kaum diskutiert, dafür häufig verdrängt und selten therapiert wird.

Viel zu rar sind Marken-Wärter, die ihre „sensible Goldader" mit einem Sicherheitspaket schützen und sich mit einem Krisenreaktionsplan vorbereiten.

Wenn Sie zu den „grob fahrlässigen Unterlassern" zählen, die sich schutzlos als „Brand-Opfer" einem möglichen Feuer aussetzen, sollten Sie diese Lektüre abbrechen und sich wieder den B- und C- Aufgaben widmen.

Für die „Anpacker" dagegen eröffnen sich drei große Vorteile:

1. Sie erfüllen nachweisbar Ihre Pflicht als Verantwortlicher und vorsorgliche Führungskraft.

2. Sie schützen Ihre Marke vorbildlich vor dem Notfall.

3. Sie gewinnen gegenüber der Konkurrenz an Profil und können sich mit einer *Leuchtmarke* deutlich absetzen.

Herzlich willkommen im Club der Vordenker, Vorbeuger und Vormacher.

Das Ziel dieses Rat- und Taktgebers ist es, Ihnen nützliche „Lichtblicke" zu liefern, um Ihre Marketingkarriere, Ihre Personal Brand und Marke vor einem zerstörerischen Brand zu schützen *und* eine prosperierende Zukunft zu ermöglichen.

Dazu liefere ich Ihnen „Denk- und Tatenfutter" mit Projekt-, Selbst- und Fremdführungsempfehlungen.

Die sehr nährreiche und pikante „Verpflegung" speist sich aus persönlicher Selbst- und Fremdführung in über 25 Jahren Marketopia, 30 Branchen, 40 Unternehmen, 127 Marketingprojekten und Leistungssport (179 Rennen; 30.000 Trainingsstunden). Im farbenfrohen Buffet entdecken Sie garantiert einige schmackhafte Kostbarkeiten.

Wenn Sie wirklich wollen – und es nicht bei Small Talk und Lippenbekenntnissen belassen – können Sie viele wertvolle Impulse auf Ihre Position, Branche und Marke übertragen und konkret umsetzen.

Ich hoffe, dass einige meiner Trittsteine zu Ihren Meilensteinen werden.

Bevor es losgeht, lesen Sie zunächst eine Einführung des Herausgebers in das Thema Interim Management. Die Chancen, die sich für Unternehmen durch das Heranziehen von Interim Managern eröffnen, gehören noch längst nicht zum Allgemeinwissen in den Chefetagen der Wirtschaft. Dadurch wird einiges an Potential verschenkt, nicht nur, aber eben auch im Marketingbereich.

Im Anschluss an diese Einführung dreht sich alles um das Thema „Brand-Gefahren vermeiden und löschen". Sollten Sie auch nur einem der vielen Dutzend Wegweiser folgen, schonen Sie Ihre Nerven, beschleunigen Ihre Karriere und verzinsen Ihre Investition mehrstellig.

Leuchtende und vorausschauende Wünsche vom Rheindeich

Jochen J. Schmahl

Post Scriptum:

„Nichts ist spannender als Wirtschaft"
(Marken-Claim der WirtschaftsWoche)

Gleich wird es aufregend. Jedes der sieben Kapitel startet mit einer „Krimi-Folge" aus einem realen Projekt. Noch heute habe ich Gänsehaut und erinnere mich an einige spannende Situationen. „Lena C." wohl auch … Doch erst die Einführung …

Von Interim Managern lernen

Einführung von Dr. Harald Schönfeld, Gründer und Geschäftsführer von UnitedInterim

„Es ist eine Kunst, wie professionelle Interim Manager wie Jochen J. Schmahl Menschen und Organisationen in dynamischen Märkten durch Prozesse der Veränderung führen, sie dabei stärken und ihnen konkret in ihrem Praxisalltag an der Seite stehen, bis sie ihre definierten Ziele erreicht haben. Dann geht es weiter zum nächsten Mandanten."

Interim Manager: Was ist das und worum geht es?

Finanzen, Fertigung, Logistik und Vertrieb zählen für viele Unternehmen zu den Kernthemen, die auf der obersten Führungsebene mit höchster Priorität bearbeitet werden. Ein ebenso wichtiges Thema wird gelegentlich vernachlässigt: das Marketing und vor allem die Markenführung. In einer Welt voller Krisen und kaum vorhersehbarer „Schwarzer Schwäne" wie Corona-Pandemie, Ukraine-Krieg, Energiepreisexplosion, zeitweises Zusammenbrechen der Lieferketten oder ungeahnte Entwicklungen in China scheint es immer wieder etwas zu geben, was noch wichtiger als das Marketing und die Markenführung ist. Und natürlich sind Unternehmen in Zeiten, in denen eine „VUCA-Welt" immer sichtbarer wird, in einzigartiger Weise gefordert, sich ständig zu wandeln und Antworten auf neue Zukunftsfragen zu finden. In dynamischen, sich immer schneller verändernden Märkten wird die zügige und sichere Umsetzung von Veränderungen zu einem erfolgskritischen Faktor. Was dabei nicht übersehen werden sollte: Die Markenpflege und der Schutz der Marke vor Beschädigungen spielen über alle Krisen und Veränderungen hinweg eine Schlüsselrolle. Ist die Marke in Gefahr, rückt das ganze Geschäft dem Abgrund ein Stück näher. Daher ist der Einsatz eines erfahrenen Interim Managers auf diesem Gebiet mindestens ebenso anzuraten wie auf klassischen Sektoren wie Finanzen, Fertigung oder Logistik.

Den Veränderungen auf allen diesen Gebieten nachzukommen und gleichzeitig die Marke zu bewahren und dennoch weiterzuentwickeln, erfordert auf der Managementseite häufig andere oder zusätzliche Arbeitskapazitäten und Kompetenzen als bewährte und in der Vergangenheit erfolgreiche Prozesse und Routinen in immer weiter optimierender Weise auszuführen: manchmal auch nur für eine bestimmte Aufgabe, eine bestimmte Phase oder einen definierten Zeitraum.

Der erste Engpass liegt – vor allem im Mittelstand – häufig bei den Kapazitäten: Bewährten Führungskräften im Hause können nur selten neben ihrem Tagesgeschäft noch weitere Projekte auf die Schultern gelegt werden. Die Managementkapazitäten sind zumeist „auch schon so" komplett ausgereizt. Der zweite Engpass betrifft das Wissen: Gerade bei neu aufkommenden Themen – und dazu gehört das in diesem Buch behandelte Marken-Risiko -Management in den meisten Unternehmen spätestens dann, wenn die Markenkrise auftritt – sind aktuelles Know-how oder eine Spezialkompetenz notwendig. Beides muss zügig im Unternehmen verankert werden, denn der Markt wartet selten. Aufwändige und zeitintensive Weiterbildungen oder die Rekrutierung spezialisierter Experten am Arbeitsmarkt sind nicht immer die Lösungen der Wahl, wenn die Zeit drängt.

An dieser Stelle kommen Interim Manager ins Spiel: als Experten für die Gestaltung und Umsetzung von Transformationen. Das Besondere an ihnen sind nicht nur der zeitliche Faktor, also eine Tätigkeit „ad interim", und die kurzfristige Verfügbarkeit mit einem Projektstart innerhalb weniger Tage. Hinzu kommt ihre in vielen Berufsjahren und vielen Projekten erworbene Erfahrung,

- was in der Praxis – und nicht nur in Hochglanzbroschüren oder auf den bunten Charts von Consultants – wirklich funktioniert, und
- wie die betreffenden Menschen und Organisationen dorthin gelangen, und zwar möglichst sicher (Quality), möglichst zügig (Time), bei vertretbarem Aufwand (Costs) – und möglichst nachhaltig in der Wirkung.

Es gibt wohl kaum eine Berufsgruppe, die mehr über die betriebliche Praxis weiß als Interim Manager. Weil sie im Laufe ihres Berufslebens viele verschiedene Unternehmen sowie unterschiedliche Situationen und Herausforderungen kennenlernen, stellen ihre Erfahrungen und ihr Know-how einen wahren Schatz dar. Bei Transformationen, bei denen im Alltag durchaus Emotionen, „innere Welten“ und Unternehmenspolitik eine Rolle spielen, profitieren ihre Auftraggeber vor allem von

- ihrer neutralen und nur der Aufgabe verpflichteten Sichtweise,
- ihrer Nicht-Eingebundenheit in politische Konstellationen, „Seilschaften“ oder gar „Königreiche“,
- den fehlenden Karriereinteressen in eigener Sache,
- einer besonderen, projektorientierten Arbeitsmethodik in Veränderungsprozessen, und

- einem vertrauensbildenden Track Record, ähnliche Aufgaben an anderer Stelle bereits mehrfach erfolgreich bewältigt zu haben.

Wird all dies kombiniert mit

- aktuellem Wissen rund um das Fachthema (erworben unter anderem durch kontinuierliche Weiterbildung), und

- einer Sensibilität für die vorliegende Unternehmenskultur mit der Fähigkeit, in den Worten die passende Ansprache und im Handeln das notwendige Vorbild sein zu können,

dann prädestiniert es sie geradezu, ein wichtiger oder gar federführender Teil der Erfolgsstory von Transformationsprozessen zu sein.

Es soll dazu noch ergänzt werden, dass Interim Manager, die Transformationsprozesse erfolgreich für andere umsetzen, auch für sich selbst die Kompetenzen bzw. persönliche Reife entwickelt haben müssen, die Spannungen, Konflikte, Diskussionen und Unsicherheiten auszuhalten, die Veränderungen mit sich bringen. Meist stehen persönliche Erlebnisse hinter den Kompetenzen. („Habe ich selbst auch schon erlebt – Ich kann nachfühlen, wie es Ihnen jetzt geht".) Das kann im Hinblick auf eine Vorbild- bzw. Führungsfunktion – insbesondere für Mitarbeitende, die in unsicheren Zeiten durchaus Empathie und Orientierung schätzen – zusätzliche Sicherheit und Vertrauen geben, einen neuen Weg zu beschreiten.

Interim Manager unterstützen Unternehmen indes nicht nur bei der Umsetzung „normaler" Transformationen rund um definierte Themen oder Ziele. Sie können ebenfalls – quasi projektbegleitend und als Zusatznutzen – für nachhaltige Resilienz sorgen. Dazu gehört das bewusste Einbauen von Redundanzen und Sicherheitsnetzen in die Prozesse. Oder sie fördern die Entwicklung von Antifragilität: Das betrifft die Fähigkeit von Unternehmen, als Ergebnis von Schocks, Volatilität, Fehlern, Störungen, Angriffen oder Ausfällen zu wachsen und zu gedeihen. Dazu gehört der Mut, bisherige Wege zu verlassen, zu lernen und sich auf Neues in all seiner Unsicherheit einzulassen.

In den meisten Fällen kann ein Interim Manager sein Wissen zudem an das Team weitergeben und dafür sorgen, dass der interne Kompetenzaufbau zügig und praxisbezogen klappt. Gutes Interim Management beinhaltet damit noch einen ganz pragmatischen Know-how-Transfer on the job. Das betrifft nicht nur neues fachliches Wissen. Mitarbeitende und Kollegen in der Unternehmensführung, die einen Transformationsprozess zusammen mit einem Profi durchlebt haben, lernen rund um vier Fragenkomplexe:

(1) Einstellung: Wie verhalten wir uns, wenn wir nicht mehr zielführende Gegebenheiten im Unternehmen feststellen? Wie gehen wir dabei mit liebgewordenen Routinen und Denkhaltungen um, die in der Vergangenheit durchaus erfolgreich waren, nun aber nicht mehr richtig weiterhelfen?

(2) Emotion: Wie können wir uns kontinuierlich emotional darin stärken, uns auf Neues (durchaus nicht ungeprüft) einzulassen? Wie erarbeiten wir uns dabei ein notwendiges Maß an innerer Sicherheit und wie können wir dies spüren?

(3) Methodik: Wie erweitern wir unseren Werkzeugkasten im Management um Methoden, die Anforderungen einer zunehmend sichtbar werdenden VUCA-Welt systematisch in unserem Unternehmen zu verankern, auch wenn das

gegebenenfalls im ersten Schritt zusätzliche Arbeit und Investitionen betrifft?

(4) Zukunftssicherung und Erwartung weiterer Veränderungen über die heute zu lösende Situation hinaus (Prävention): Wie sorge ich für nachhaltige Resilienz und Antifragilität im Unternehmen – auch wenn das in einem Quartal Geld kostet? Was kann ich vielleicht mit kleinem Aufwand schon heute gleich mitmachen?

Interim Manager: Spezialisierte Experten für die Umsetzung

Den Begriff „Interim Manager " gibt es im deutschen Sprachraum seit mehr als 40 Jahren. In dieser Zeit haben sich die Aufgabenstellungen und Rollen natürlich verändert, für die Interim Manager engagiert werden – ebenso wie die Kompetenzen und Qualifikationen, die notwendig sind, um Mehrwert zu erzielen und langfristig erfolgreich zu sein. Standen am Anfang in erster Linie die Restrukturierung und Sanierung sowie Projekte auf oberster Unternehmensebene im Vordergrund, so ist es heute eine vielfältige, bunte Mischung an Themen geworden.

Die Online-Ausgabe des Gabler Wirtschaftslexikons gibt folgende Definition (Interim Management, 2018):

Beim Interim Management arbeiten selbstständig tätige Interim Manager für einen definierten Zeitraum (üblicherweise 3-18 Monate) i.d.R. in unternehmerischer Verantwortung in einem Unternehmen in einer Führungsposition der ersten und zweiten Ebene. Interim Manager werden in unterschiedlichen Situationen und Aufgabengebieten eingesetzt, z.B. zur Überbrückung bei unvorhersehbaren Vakanzen beim Ausfall einer Führungskraft, zur Restrukturierung und Sanierung, im Projektmanagement, zur Einführung neuer Programme oder bei der Gründung, Übernahme oder Veräusserung von Unternehmen.

In der Unternehmenspraxis werden Interim Manager zunehmend als Teil der gesamtwirtschaftlich immer bedeutsamer werdenden und stark wachsenden Gruppe der Freelancer und dabei als Teil des Marktes für „Freelance Management Dienstleistungen" betrachtet. In die gleiche Richtung zielt die DDIM (Dachgesellschaft Deutsches Interim Management e.V.) als führender Wirtschafts- und Berufsverband für Interim Management in Deutschland. Interim Management wird dort als eigenes Angebotssegment im Markt der Management Dienstleistungen bezeichnet, welches sich von der Nachbarbranche der Unternehmensberatung in der Art des Service unterscheidet (DDIM, Branchenprofil, 2020):

„Während Unternehmensberatungen einen externen, unabhängigen Service bieten, bei dem die Entscheidungsbefugnis und -verantwortung beim Auftraggeber verbleiben, arbeiten Interim Manager in der Regel in unternehmerischer Verantwortung im Mandanten-Unternehmen. Für einen definierten Zeitraum werden sie zum integralen Bestandteil des internen Teams. Interim Manager arbeiten freiberuflich und auf eigenes Risiko. Sie werden in Führungspositionen der ersten und zweiten Ebene eingesetzt."

Eine andere Begriffsdefinition rückt die Kernkompetenz des Interim Managers in den Blickpunkt. Sie wurde am 1. Juli 2022 von den Verbänden der deutsch sprechenden Länder (DDIM, DSIM, DÖIM, VRIM, AIMP) auf dem „6. Gipfeltreffen der Interim Management Branche" in Luzern gefunden und sogar in der aktuell viel verwendeten „gender-gerechten" Sprache und Grammatik formuliert (Schädler, 2022):

Interim Manager:innen sind führungserfahrene und umsetzungsstarke Problemlöser:innen. Sie stehen einem Unternehmen zeitnah für spezifische Aufgaben und auf begrenzte Zeit zur Verfügung. Sie schaffen unternehmerischen Mehrwert.

Fachgebiete/Besonderheiten beim Einsatz von Interim Managern

Ihren Kundennutzen bringen Interim Manager in allen Phasen des Lebenszyklus von Unternehmen ein. So gibt es Interim Manager, die vor allem bei der Unterstützung von jungen Unternehmen tätig sind, Interim Manager, die sich auf Wachstumsthemen und Transformationen spezialisiert haben, und Interim Manager, die sich geradezu auf „Krisen" oder gar die „Beerdigung" von Unternehmen spezialisiert haben. In allen Phasen jedoch sind viele Interim Manager in der Überbrückung von Vakanzen tätig. Gerade weil in der Praxis die beiden mittleren Phasen in der Regel die längste Zeit des Lebens eines Unternehmens ausmachen, sind diese Phasen besonders „arbeitsreich" für Interim Manager

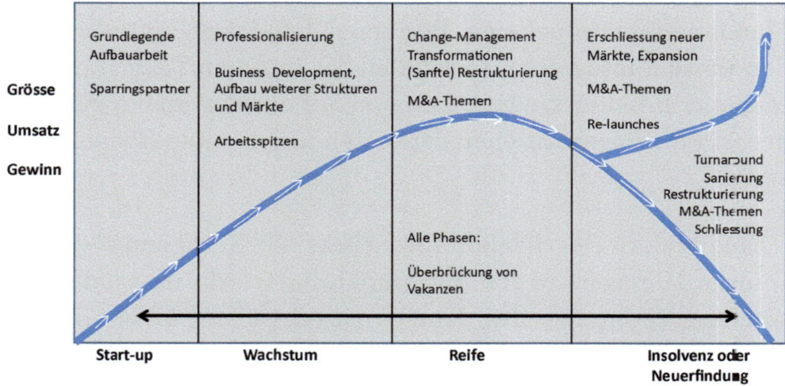

Abbildung: Einsatzfelder von Interim Managern in unterschiedlichen Phasen des Lebenszyklus von Unternehmen. Quelle: Becker / Schönfeld / Singer (2022).

Interim Manager können als Freelancer im Management bezeichnet werden. In der Praxis haben sie vor allem mit Beratern einige Überschneidungen. Der wesentliche Unterschied wird darin gesehen, dass Interim Manager ihren Fokus auf die operative Umsetzung oder Durchsetzung von meist unternehmerisch bedeutsamen Maßnahmen legen. Diese können durchaus auf Empfehlungen aufsetzen, die vorher von einem Berater gegeben wurden – oder von dem Interim Manager selbst, der vorher eine Analyse gemacht hat. Es ist auch nicht mehr nur die erste oder zweite Ebene, auf der Interim Manager tätig werden. Einsätze in Projekten, z.B. zu Change- oder Transformationsthemen, für die eine hochwertige Expertise notwendig ist, umfassen inzwischen ein gutes Drittel der Gesamtumsätze im Interim Management-Bereich (AIMP, 2022). Tendenz steigend!

Buchreihe mit praxisnahen Umsetzungsexperten

Mit der Buchreihe „Von Interim Managern lernen" wird das Know-how von praxisorientierten Umsetzungsexperten erstmals gebündelt. Die sorgfältige Auswahl aller Autoren durch den Herausgeber stellt sicher, dass in dieser Reihe tatsächlich nur die Besten der Besten mit Themen zu Wort kommen. Alle für diese Buchreihe ausgewählten Interim Manager vereint das Streben nach operativer Exzellenz für ihre Kunden.

„Es ist es so, als ob ich für mich selbst einen Personal Trainer engagiere: Die Sicherheit steigt, die gewünschten Ergebnisse zu erhalten. Ich muss dabei natürlich auch Themen anpacken, bei denen ich mir selbst im Weg stehe. Aber meist entdecke ich dabei auch noch Potentiale, an die ich bisher noch nie gedacht hatte."

Freuen wir uns damit auf die Ausführungen von Jochen J. Schmahl. Bei der Durchsicht seines Fachbuchs und den Diskussionen dazu habe ich viel gelernt! Dafür danke ich – und wünsche es auch dem Leserkreis.

Dem Diplomatic Council (DC) bin ich seit einigen Jahren freundschaftlich und aktiv verbunden. Ich engagiere mich gerne in dieser Organisation, die einen globalen Think Tank mit Beraterstatus bei den Vereinten Nationen, ein weltweites Business Network und eine gemeinnützige Charity Foundation vereint. Auf diese Weise können gemeinsam mit allen nationalen und internationalen Mitgliedern Synergien gehoben werden, wie es sonst kaum möglich wäre!

Dr. Harald Schönfeld

Herausgeber

Literaturverzeichnis zur Einführung

AIMP (2022). AIMP-Arbeitskreis Interim Management Provider. AIMP-Providerumfrage 2022: https://www.aimp.de/aimp-umfragen/aktuelle-aimp-umfragen

Becker, J. / Schönfeld, H. / Singer, G. (2022): Karriere-Handbuch für Interim Manager. Erfolg als Freelancer im Management. Zweite aktualisierte und ergänzte Auflage

DDIM (2020). Branchenprofil. Webseite Dachgesellschaft Deutsches Interim Management, https://www.ddim.de/interim-management/fuer-unternehmen/branchenprofil/

Interim Management (2018). Gabler Wirtschaftslexikon – Online Lexikon: https://wirtschaftslexikon.gabler.de/definition/interim-management-52714/version-275829

Schädler, K. (21.07.2022). 6. Gipfeltreffen und 1. Schweizer Forum für Interim Management. https://rheintal-interim.org/6-gipfeltreffen-und-1-schweizer-forum-fuer-interim-management/

Feuerfestigkeit

Einblick

Erfahren Sie in diesem ersten Kapitel,

- warum nach der Krise *vor* der Krise ist,
- wie wichtig Prävention ist,
- warum viele Manager halbherzig und fahrlässig mit Marken-Risiken umgehen,
- wieso Risiko-Ignoranz nicht nur zur Ohnmacht führt.

„Der Krimi, den das (Marketing-) Leben schrieb" (Der Schock bzw. Folge 1):

Lena C. kämpfte sich an einem dieser grauen und verregneten Montagmorgen durch den üblichen Stau. Sie war noch etwas verschlafen. Schulprobleme ihrer Tochter und das anstehende Gehaltsgespräch mit Ihrem Chef kreisten durch ihren Kopf. Als Marketingdirektorin eines weltweiten Pharmakonzerns trug sie Verantwortung für fünf hoch angesehene Marken und Medikamente mit Blockbuster-Umsätzen. Heute standen nur einige langweilige Routinearbeiten auf ihrer To-do-Liste.

Um 8 Uhr fand sie endlich einen Parkplatz und wurde noch im Aufzug von einer Marketingkollegin ganz aufgeregt „abgefangen". Leider ihre Rivalin um die nächste Beförderung. Ausgerechnet die ...

Ob sie denn schon wüsste? Lena C. zuckte die Schultern. Ihr Handy hatte sie ausgerechnet an diesem Wochenende zwecks digitalem Detoxing komplett ausgestellt. Gestern Abend wäre ihre Blockbuster-Marke Mittelpunkt einer renommierten TV Investigativ-Sendung gewesen. Es seien schwerste Vorwürfe erhoben worden. Ihr Medikament hätte unter anderem zu Todesfällen geführt. Mittlerweile seien dazu schon Hunderte E-Mails eingetroffen, das Telefon laufe heiß, mehrere Medien bäten um Stellungnahme und der Vorstand erwarte Berichterstattung um 12 Uhr. Plötzlich war sie hellwach ...

90 Minuten später saß der Buchautor mit seiner leicht zitternden Mandantin im abhörsicheren „War Room". Er hatte nach ihrem Anruf sein Seminar sofort abgebrochen. In Notfällen wie diesen musste man für seine Stammkundin sofort da sein. Jetzt war das Wichtigste, so schnell wie möglich einen Überblick über die unübersichtliche „Gefechtslage" zu bekommen. Noch 150 Minuten bis zur Vorstandssitzung ...

„Das Spiel mit dem Feuer ist für jene, die bereits mit allen Wassern gewaschen und ausgestattet sind" (vgl. Ferstl).

Status

Die Herausforderungen für Unternehmen und Marken-Verantwortliche wachsen.

Externe Perspektive

Aus externer Perspektive wird das rasante und anspruchsreiche Umfeld in Form von Markt, Wettbewerb und Kunden unbeständiger, unsicherer und bedrohlicher.

Die Liste möglicher und ständig wechselnder Bedrohungen ist lang (Auszug):

- stagnierende und schrumpfende Märkte,
- zusätzliche globale Wettbewerber (inkl. Staatssubventionen und Dumping),
- illoyale, überaus wählerische Kunden,
- unverschämte und kriminelle Kunden,
- margen- und imagevernichtende Rabattaktionen des Handels,
- digitale Disruptionen (Plattformen, Metaverse, künstliche Intelligenz),
- verbrecherische Angriffe (Hacker, Marken-Piraterie),
- mediale Attacken (Shitstorms),
- Diskriminierungsaktionen (Gerücht Verbreitung, Fake News, Falschmeldungen),
- Medien als Brandherd und Katalysator von Marken-Krisen. Sie leben vom Alarmismus. Ihre Auflagen, Quoten und Klicks steigen mit der Anzahl von Schmähgewittern, Blaulicht- und Skandal-Schlagzeilen.
- Populistische Politiker, Internettrolle und antikapitalistische Verschwörungstheoretiker zündeln und laben sich an der Hyperventilation ihrer Rezipienten.

Interne Perspektive

Auch aus interner Perspektive wird das Leben im „Marketingverse“ immer kurzweiliger und treibt den Puls dauerhaft hoch. Die Aufzählung möglicher interner Bedrohungen ist nicht weniger aufregend (Auszug):

- technische Fehlfunktionen (Ausfall von Maschinen, IT, Produktmängel, Programmierfehler, Datenlecks),
- menschliches Versagen und Fehlverhalten (Diskriminierung, Korruption, Betrug, Schlechtbehandlung der Kunden) von Mitarbeitern, Lieferanten, Agenturen, Gesponserten und Influencern,
- zunehmender Geschwindigkeitsdruck (z.B. bei Produkteinführungen),
- Qual der Wahl (z.B. Medien, Kanäle, Kontaktpunkte) macht die Steuerung von Marken komplexer, mehrdeutiger und fehleranfälliger,
- mangelnde Konsistenz und Kontinuität der selbstähnlichen Marken-Führung,
- häufige Wechsel der Entscheidungsträger,
- unübersichtliche Anzahl und ständig wechselnde Kommunikationsagenturen,
- Bildungsmängel,
- Anreizdefizite für eine langfristige, selbstähnliche und wertorientierte Marken-Steuerung,
- Fachkräftemangel, Vakanzen.

Angesichts schwer überschaubarer externer und interner Gemengelage ist es wenig überraschend, dass sich für das Unbeständige (volatil), Unsichere (uncertain), Komplexe (complex) und Mehrdeutige (ambivalent) ein englisches Akronym etabliert hat: V.U.C.A.

Der beständige Wandel bzw. die Instabilität ist eine Gefahr und erhöht die Wahrscheinlichkeit von Fehlern und Abstürzen. Ein Marken-Risiko ist es auch, am Gestern zu kleben und sich dem Morgen und Übermorgen zu verschließen. Sich als Marketer z.B. nicht mit Künstlicher Intelligenz (KI) wie Chatbots (textbasierte Dialogsysteme) auseinanderzusetzen, könnte Sie Ihren Arbeitsplatz kosten und Ihre Marke zum alten und nutzlosen Eisen stempeln.

Parallel zur Ungewissheit gibt es wenigstens drei Konstanten. Ob die Ihnen allerdings gefallen, dürfen Sie selbst einschätzen:

A. Marken-Erfolg ist nicht dauerhaft und nie garantiert. Er ist nur gemietet und muss immer wieder erkämpft werden. Die „Miete“ ist jeden Tag fällig.

B. Marken-Ungemach wirkt negativ auf die Gesamteinstellung zur Marke, das Marken-Vertrauen, die Marken-Bindung und die Kaufabsicht (vgl. Esch in Weyler, 2012). Im schlechtesten Fall kann es zu einer Katastrophe kommen, die nicht nur zum „Tod“ der Produkt-Marke führt, sondern das gesamte Unternehmen in die Insolvenz treibt und den Verlust aller Arbeitsplätze bedeutet.

C. Es ist unausweichlich, dass die nächste Marken-Prüfung kommt. Die Frage ist: wann und welche? Nach der Krise ist vor der Krise.

Das Risiko, in eine Krise zu geraten, liegt in der Natur des Lebens. Vor allem im dynamischen und quirligen Marketanien. Einer meiner Mandanten traf es auf den Punkt: „Es gibt nur zwei Arten von Marken: Solche, die eine Krise schon hatten und jene, die eine Krise noch durchzustehen haben.“

Prävention

„Alle Menschen sind klug – die einen vorher, die anderen nachher“ (Voltaire).

Den beschriebenen Gefahren tragen z.B. nach der Finanzkrise die Basel II-Vorschriften und die Kredit-Ratings der Banken Rechnung.

Einen Bedarf für ein präventives Risiko-Management-System hat auch der Staat erkannt und nach §91 Abs. 2 AktG den Vorstand verpflichtet, „...geeignete Maßnahmen zu treffen, insbesondere ein Überwachungssystem einzurichten, damit den Fortbestand der Gesellschaft gefährdende Entwicklungen früh erkannt werden.“

Wie gehen Mandanten mit Gefahren um?

Vereinfachend lassen sich Unternehmen in drei risikobezogene Kategorien einteilen.

Kategorie eins umfasst Vorbilder, die sowohl tangible (z.B. Gebäude, Maschinen, Fahrzeuge, Forderungen, Währungen) als auch intangible (z.B. Marken, Know-How) Risiken in allen Unternehmensfunktionen professionell managen. Sie richten sich nach der Regel „If you do not actively attack the risks, they will actively attack you“ (vgl. Tom Gilb in Romeike, 2005, S. 460).

Kategorie zwei beinhaltet halbherzige Unternehmen und Marketeers, die nur tangible Risiken abdecken.

In der dritten Kategorie sammeln sich fahrlässige Unternehmen und Marketeers, die tangible und intangible Risiken kaum oder gar nicht steuern und sich wegducken.

Zahlenmäßig stellt die zweite und dritte Kategorie leider das mit Abstand größte Kontingent.

Woran liegen Halbherzigkeit und Fahrlässigkeit?

Ich vermute stark, dass der akute Leidensdruck fehlt. Salopp formuliert: „Der Kittel brennt noch nicht." Insbesondere die (noch) erfolgreichen und unbeschädigten Unternehmen verharren, sind unvorsichtig und unterschätzen die Gefahr.

Die Ursachen für solche Denk- und Verhaltensweisen werden von psychologischen Untersuchungen damit erklärt, dass ca. 80 % der Menschen Risiken verdrängen, 10 % sich fürchten, aber nichts tun, und nur 10 % den Risiken entgegenwirken. Ein menschlicher und verständlicher Charakterzug. Auch ich tappe regelmäßig in diese Falle. Ist das aber schlau?

„Too soon old, too late smart" (Gordon Livingston).

Gerade wir Marketeers sind besonders anfällig.

Sicherlich liegt das z.B. an einem niedrigen Altersschnitt mit Jugendwahn, wenig Krisenerfahrung und hoher Risikobereitschaft. In unserer bunten, rasanten und zielbewussten Welt geht der Blick als Schönwetterkapitän meist nach oben und vorne. Selbstkritisch fällt mir auf, dass unsere Publikationen, Reden, Beiträge und Postings überwiegend aus eitlen Erfolgsmeldungen und Selbstlob bestehen. Na, habe ich eventuell einen Finger in die offene Wunde gedrückt? Das tut mir – nicht – leid. Vermutlich ist es bitter nötig und eine Chance zum Aufwachen.

Von Risiken, Fehlern und Schwächen ist bei LinkedIn, Xing und Instagram selten die Rede. Dem Mantra des „höher, schneller, weiter" wird gehuldigt, dem kurzfristigen Erfolg vieles geopfert, der langfristige Schaden für den Marken-Inhaber grob fahrlässig übersehen und ignoriert.

Ganz wie bei den verführerischen Volkskrankheiten Alkohol, Nikotin und Zucker. Die beschwingende, entspannende und süße Belohnung kommt sofort, die hohe Rechnung später. Bei allem Wertvollen ist es umgekehrt: Erst die mühsame und langfristige Saat, sehr viel später die Ernte.

Welche Folgen hat Risiko-Ignoranz?

Der weltweit berühmteste Marketing-Wissenschaftler Kotler unterscheidet drei Arten von Unternehmen: „Die einen, die dafür sorgen, *dass* etwas geschieht. Die anderen, die beobachten, *wie* etwas geschieht. Und solche, die sich darüber wundern, *was* geschehen ist."

Zu welcher Spezies gehören Sie?

Wenn Sie sich in Kotlers Kategorien zwei (Beobachten) oder drei (Wundern) einordnen, sind Sie nicht allein: Wenige trauen sich, proaktiv die Risiken anzupacken. Viele setzen sich als Opfer stattdessen auf des Teufels liebstes Möbelstück: „Die lange Bank".

Haben Sie schon abwartend Platz genommen und geben sich als Stubenhocker allein der Hoffnung hin?

Sollte es Ihrem Unternehmen und Ihrer Marke gerade gut gehen, sind Sie besonders gefährdet.

Natürlich habe ich Verständnis für die „Beobachter“ und „Wunderer“ (und gehöre manchmal auch dazu).

Nach 25 Jahren „Marketopia“ kenne und verstehe ich Ihr tägliches Irrenhaus. Ich beobachte, wie rasend Ihre Projekte, Kollegen und Kampagnen wechseln. Wie turbulent und hechelnd Ihr Tag sein kann. Wie Sie unter Druck stehen. Wie Sie unter radikal schlanken Prozessen, ausgedünnten Personaldecken und Einstellungsstopp leiden. Wo soll da in der Hektik noch Zeit und Muße für die Reflektion möglicher Gefahren und Platz für ein weiteres Projekt zum Marken-Risiko-Management sein? Zumal es sich erst mit langem Atem bezahlt macht.

Andererseits sind die Alternativen auch kein Paradies. Die „Kopf-in-den-Sand-Taktik“, das rheinländische Gesetz „Et hat no imma jot jejange“ (Es ist noch immer gut gegangen) und das „Warten auf Godot“

- führen zu einem Ausgeliefertsein in der Opferrolle,
- verringern massiv den Handlungsspielraum in einer Krise und
- führen zu vermeidbaren und größeren Schäden.

Kennen Sie den? „Unser neuer Chefstratege ist Chinese! Wirklich? Ja, er heißt ‚Watt nu‘.“

Selbstverantwortung und Gestaltung sieht anders aus. Von hochbezahlten Führungskräften erwarten Kapitalgeber und schutzbefohlene Mitarbeiter mehr. Insbesondere in Zeiten von

Pandemien, Ukrainekrieg, Energiekrise, Erregungs- sowie Haltungsjournalismus, überlauten Internetminderheiten, woken Gesellschaftsschichten und Klimaextremisten.

Könnten Marken sprechen, würden sie laut Hilfe schreien:

- Ständiges Improvisieren, Vertrösten und Reagieren sind zu wenig,
- Zufallserfolge zu selten und nicht wiederholbar,
- Hoffnung ist keine Strategie (H.I.K.S.).

Wertliefernde Marken verlangen und verdienen Voraussicht und „Leadership".

Wollen Sie mit dem Rücken an die Wand gepresst werden und ohne Plan B vor Schock erstarren?

In der VUCA-Welt besteht ein besonderer Präventionsbedarf bei der Marke und nicht sofort sichtbaren Marken-Werten. In manchen Fällen sind sie Millionen oder Milliarden wert und sind für mehr als 70 % des Unternehmenswertes verantwortlich. Auch die Marken-Budgets haben teilweise einen Anteil bis zur Hälfte des Umsatzes. Sollte die Bedeutung der Werte und Budgets nicht gravierend genug sein, um den „Schatz" abzusichern?

Als Freiberufler begegne ich selten kurzfristig eingestellten Unternehmenseigentümern, wohl aber häufig auf Sicht fahrenden angestellten Manager, die

- vergangene Schäden verdrängen („Katastrophendemenz"),
- Risiken „unter den Tisch kehren",

- o Gefahren unterschätzen und
- o die Marken-Resilienz überschätzen.

Diese passive und fahrlässige Haltung ist vor allem bei karriereorientierten Chefs anzutreffen, für die Marken nur Objekt und Durchgangsstation für einen rücksichtslosen Aufstieg sind.

Der Titel Führungskraft passt nicht zu solch einer Haltung. Alternativ wäre die Beschreibung als „naive, kopfscheue und egoistische Verwalter" angemessener. Leider ist so eine Haltung aber höchst gefährlich. Marken, die sich in der VUCA-Welt wehren und absichern müssen, benötigen keine „Amtsinhaber", sondern kümmernde, vorausschauende und tatkräftige „Leader".

Vorbilder

Charismatische und verantwortungsvolle Unternehmens- und Markeninhaber wie Wolfgang Grupp von Trigema sind echte Führer. So wie er denken viele Familienunternehmer ihre Marke in Generationszeiträumen von 20 Jahren, werden in der Regel aus Schaden klug und sehen unangenehmen Wahrheiten ins Auge. Sie sind ihren Familien, Nachfolgern und anderen Anspruchsgruppen stark verpflichtet, machen ihr Unternehmen weitgehend kugelsicher und errichten eine Brand-Wehr.

Als Vorbild möchte ich mich nicht bezeichnen. Dennoch verspürte ich in meiner Verantwortung als 3M Brand Manager väterliche Gefühle. Als „Vater" von drei Marken und der Marketingverantwortung für ca. 100 Produkte umhegte ich diese wie Babys. Entsprechend schützte ich sie wie meinen Augapfel.

Schon damals stellten sich mir als 3Mer und Triathlet …drei Fragen:

1. Ist es nicht namentlich wie inhaltlich schizophren, dass viele Brand Manager, sich so wenig um die Vorsorge ihrer Brand kümmern?

2. Müssen nicht gerade wir Marken-Kapitäne mehr „Eigentümer“ als Verwalter sein?

3. Sollte man nicht jeden Marken-Wächter zwingen, so eine Art Pflicht-Feuerversicherung für Brands abzuschließen?

Keine andere Nation hat wie Deutschland pro Kopf so viele – häufig auch überflüssige – Versicherungspolicen abgeschlossen. In Österreich und der Schweiz sieht es ähnlich aus. Seltsamerweise bleibt aber der große Vermögensschatz Marke mit einem Aktiva-Anteil von bis zu 50 % mehrheitlich ungesichert.

Helmut Maucher, Ex Generaldirektor des weltgrößten Markenartiklers Nestle aus der Schweiz, brachte die immense Markenverantwortung mit seinem Buchtitel „Marketing ist Chefsache“ zum Ausdruck. Mit diesem Credo drückte er seinem Markenhaus den Stempel auf und prägt es bis heute. Ähnlich wegweisend proklamierte der Ex-Puma- und neue Adidas-Chef Björn Gulden parallel zur Buchfertigstellung „Die Markenführung gehört in die Hände des CEO“. Das lässt sowohl für die drei Streifen als auch für diese Zeilen hoffen …

Der Marken-Claim der Deutschen Vermögensberatung könnte für alle Branchen, Marken und Marketeers ein guter Rat- und besser noch Taktgeber sein: „Früher an später denken!“

Ihre Lösung

„Auch das größte Problem hätte gelöst werden können, solange es noch klein war“ (Laozi).

Erlauben Sie mir im Umfeld des Zauberwortes „Machen“ ein weiteres Fragentrio:

1. Sind Sie mächtig oder ohnmächtig (also machtlos)?

2. Müssen Sie immer, alles, selbst machen (haben Sie ein Delegationsdefizit?) oder wollen Sie Unterstützung durch einen externen Macher?

3. Was halten Sie von der „mach los“-Weisheit der Leuchtturmwärter und Kapitäne: „Rettungsboote werden nicht im Sturm gebaut“?

Rückblick (Executive Summary)

Wer Risiken verdrängt, setzt seine Brand dem Feuer aus. Das brenzligste Thema im Marken-Management ist die Ignoranz von Marken-Risiken und Aufschieben von „Brandschutz". Bei keiner anderen Nachlässigkeit lauern so viele existenzgefährdende Schäden. Nirgendwo sind Wächter so selten.

1. Risiko-Status

Die Herausforderungen für Marken steigen. Mit äußerem Blickwinkel wird das schnelllebige und anspruchsvolle Umfeld von Markt, Wettbewerb und Kunden unbeständiger und unsicherer. Dazu gehören stagnierende Märkte, Inflation, Lieferengpässe, steigende Energieaufwendungen, wählerische Kunden, digitale Disruptionen und kriminelle Angriffe (Hacker, Shitstorms, Marken-Piraterie).

Mit internem Blick wird aufgrund zunehmender Geschwindigkeit (z.B. bei Produkteinführungen) und Auswahl (z.B. Medien, Kanäle, Kontaktpunkte) die Analyse und Steuerung von Marken komplexer und mehrdeutiger. Zu den größeren Brand-Gefahren und -Schäden gehören Marktanteils-, Umsatz- und Gewinneinbruch, Erpressungen und Empörungsstürme (shitstorms).

2. Wie gehen Klienten mit diesen Gefahren um?

Die meisten Organisationen sind halbherzig und decken nur tangible Vermögen (Gebäude, Maschinen, Fahrzeuge) ab. Viele verhalten sich (grob) fahrlässig, wenn sie jene Aktiva und intangiblen Schätze wie Marken nicht oder kaum absichern. Oft fehlt der akute Leidensdruck. Vor allem bei den anfälligen Marketers. In unserer blumigen Welt ist der kurzfristige Blick als Schönwetterkapitän oft oberflächlich, ignorant und rosarot. Von Risiken, Fehlern und Schwächen ist selten die Rede. Ob die Marke sturmfest ist, zeigt sich jedoch nicht unter blauem Himmel und glatter See voraus. Die „Kopf-in-den-Sand-Taktik“ führt zum Ausgeliefertsein und direkt in die Opferrolle. Ist das Ihr Verständnis von Führung? Aufschieberitis engt den Handlungsspielraum massiv ein. Wollen Sie Ihre Marke den Flammen opfern?

3. Lösung

Sie haben die Wahl: Mächtig oder ohnmächtig? Je länger Sie professionellem Risiko-Management aus dem Weg gehen, desto eher und mehr leidet Ihr Liebstes. Vorausschauende Marken-Kapitäne ergreifen die Macht. Sie schützen Ihren Schatz wie Fort Knox. Ist Ihr Feuerlöscher einsatzfähig?

Ausblick

Im zweiten Kapitel werde ich anhand von konkreten Beispielen mögliche Brand-Herde aufzeigen.

Ziel ist es, sich eine feine Spürnase anzutrainieren. Ganz nach dem Motto „Gefahr erkannt, Gefahr gebannt“.

Die Feuerwehr hat dafür übrigens Brandmittelspürhunde. Erst wenn alle fünf Sinne aktiviert sind, lassen sich Schutzmaßnahmen entwickeln. Haben Sie Ihre Antennen schon scharf gestellt?

Sollte Ihnen und Ihrer Marke mittlerweile ganz warm geworden sein und Ihnen genau dieses oder andere Marketingthemen unter den Fingern brennen, können Sie mich jederzeit komfortabel unter leuchtmarke-schmahl@email.de kontaktieren. Wo andere raus fliehen, spurte ich rein …

Feuerschäden

Einblick

Erfahren Sie im zweiten Kapitel,

- welche elf Risiko-Quellen existieren,
- wieso eine Disharmonie riskant ist,
- welche Risiken im Vertrieb lauern,
- wie der Marken-Claim die Dresdner Bank ruinierte,
- wieso großspurige unerfüllte Versprechen zum Alptraum werden,
- warum „Everybody's darling is everybody's Depp" sein kann,
- meine Lichtblicke im Umgang mit Fehlern,
- wofür N.E.I.N. wirklich steht,
- warum selbst Leuchtmarken in einem Feuersturm abgefackelt werden.

„Der Krimi, den das (Marketing-) Leben schrieb" (Turbulenzen bzw. Folge 2):

Bereits 24 Stunden nach dem „Ersteinschlag" hatte sich die Welt der Marketingdirektorin völlig auf den Kopf gestellt. Apropos, die Sorgen mit ihrer pubertierenden Tochter waren auch nicht verschwunden. Gut, dass ihre Brand auch ein hochwirksames Medikament gegen Kopfschmerzen produzierte. Sie hatte gleich zwei Tabletten eingeworfen. Die waren bei diesem Stress auch bitter nötig: Sie hatte nicht nur einen 13-Stundentag zu überleben, sondern es jagte eine Krisenbesprechung die andere, Pharmareferenten meldeten erste Verunsicherung bei den Ärzten und Apotheken, Bestellungen wurden storniert und die Tagesumsätze waren schon um 10 % eingebrochen. Kein Wunder, dass sie an der wichtigen Bereichsleiterpräsentation für Donnerstag nicht eine Minute hatte arbeiten können. Für ein Gehaltsgespräch sicherlich auch ein eher ungünstiger Zeitpunkt …

Tagebucheintrag von Lena C.:
Kontrollverlust allerorten …Souveränität, sieht anders aus … Work-life balance, was ist das?

„Vorbeugen ist besser als heilen“ (vgl. Hippokrates).

Wollen und können Sie es sich wirklich leisten, auf Prävention zu verzichten?

Begriffe

Um mit Ihnen dieselbe Sprache zu sprechen, gilt es zunächst mehrere Begriffe zu klären. Das Risiko aneinander vorbeizureden, sollten wir vermeiden. Risiken gibt es ja schon genug …

Marke

Marken sind Leistungen, die zusätzlich zu einer unterscheidungsfähigen, rechtlich schützbaren (nach MarkenG) Markierung durch ein systematisches, wert-, identitäts- und beziehungspartnerorientiertes Management (Analyse, Konzeption,

Umsetzung, Controlling) ein Qualitätsversprechen geben und unverwechselbare Vorstellungsbilder der Beziehungspartner erzeugen. Sie erzielen mittels Erfüllung der Erwartungen eine dauerhaft werthaltige, nutzenstiftende Wirkung für Markeninhaber und Markennachfrager (vgl. Baumgarth; Burman; Bruhn; Esch, 2018, S.21).

Risiko

„Die Wissenschaft hat festgestellt, dass Geisterspiele im Stadion kein erhöhtes Risiko darstellen: Die Geister sind ohnehin schon tot" (unbekannter Verfasser).

Der Begriff Risiko leitet sich aus dem frühitalienischen *ris(i)co* ab. Eine angenäherte Übersetzung lautet „die Klippe, die es zu umschiffen gilt" (vgl. risknet.de/wissen/etymologie, Romeike/Hager, Abruf 9.2.2023).

Nach der Definition der ISO 31000 handelt es sich um „Auswirkungen von Unsicherheit auf Ziele".

Geschichtlich ist das Glücksspiel der Ursprung von wissentlich in Kauf genommenen Risiken. Vor allem die Germanen spielten sich um Haus und Hof. In der Römerzeit erfreuten sich Würfelspiele großer Beliebtheit. Übrigens auch exakt am Deich-Standort des Autors im rheinischen Neuss bzw. Novaesium (zweitälteste Stadt Deutschlands). Etwa 5.000 Soldaten bewachten mit Hilfe markanter Signal- und Fackeltürme (heute als Leuchttürme bezeichnet) die Grenze und das Kastell (vgl. Neuß-Grevenbroicher Zeitung, 6.8.2014). Die Langeweile vertrieben sie sich mit Würfelspielen. Auch Caesar war ein großer Liebhaber. Als er 49 v. Chr. den Grenzfluss Rubikon überquerte und einen Bürgerkrieg einleitete, sprach er die berühmten Worte „Alea iacta est" und schenkte uns die Redewendung „Die Würfel sind gefallen" (vgl. risknet.de/wissen/etymologie, Romeike/Hager, Abruf 9.2. 2023).

Marken-Risiko

„Man braucht viele Jahre, um einen guten Ruf aufzubauen und fünf Minuten ihn zu zerstören" (Buffet).

Ein Marken-Risiko ist die Begleiterscheinung jeder Marken-Entscheidung und kann zu unerwünschten Zielabweichungen führen. Es wird durch unterschiedliche Eintrittswahrscheinlichkeiten und mögliche Schäden charakterisiert (vgl. Fikar, 2003, S. 29). Die Beschädigung des Marken-Vertrauens führt zu Kunden- und Vertrauensverlust (vgl. Schmahl, 2003, S. 57 ff). Zweifellos ein existenzielles Risiko. Die vielen einst ruhmreichen Marken und ihre Gräber auf dem Marken-Friedhof halten Mahnwache.

Viele Untersuchungen belegen, dass die Marke der wichtigste Vermögensgegenstand eines Unternehmens ist. Marken-Werte haben am gesamten Unternehmenswert bei kurzfristigen Konsumgütern einen Anteil von bis zu 62 %. Für die Marke BMW wurden sogar 77 % kalkuliert (vgl. Esser, Schmidt, o.J., S. 35).

Der Marken-Wert basiert im Wesentlichen auf einer attraktiven Marken-Identität (Vision, Mission [Purpose], Ziele, Leitlinien, Positionierung, Charakter, Kompetenz, Design, Einzigartigkeit). Sie gibt ein auf das Umfeld abgestimmtes (Markt, Wettbewerb, Beziehungspartner) vertrauens- und nutzenbasiertes Leistungsversprechen ab.

Das Versprechen wird mit Hilfe der internen Säulen (Organisation, Systeme, Kultur) und des konzeptionsbasierten Marketing-Mixes (Management von Produkten, Preisen, Kommunikation, Vertrieb) bei den Beziehungspartnern (Kunden, Mitarbeiter, Investoren, Medien, Handel, etc.) eingelöst.

Von besonderer Wichtigkeit im Marken-Management und Umgang mit Risiken ist eine holistische und unternehmensübergreifende Herangehensweise. Eine Marke muss nicht nur durch die Marketeers, sondern durch alle Mitarbeiter ge- und erlebt werden. Eine lediglich kommunikative Übersetzung z.B. durch Werbung würde zu kurz greifen und nur angreifbare Floskeln produzieren.

Passung

Der Grad, zu dem die Marke die nutzenbasierten Erwartungen der Beziehungspartner (z.B. Kunden, Mitarbeiter, Investoren) erfüllt (Ursache), bestimmt ihren Wert (Wirkung) für beide Seiten.

Es gilt die Regel: Je besser die Passung zwischen Identität einerseits und Umfeld, Säulen und Mix andererseits, desto höher der Marken-Wert. Im Idealfall eine harmonische Beziehung.

Esch/Vallaster (Esch, 2/2004, S. 9) benutzten das Bild eines Rades: Die Nabe als Identität und die Faktoren als Speichen. Sind alle Speichen intakt, läuft das Rad rund. Die Yin-Yang-Philosophie veranschaulicht das harmoniekonzentrierte Prinzip.

Diese Passung – auch Fitness oder Konformität genannt – hat natürlich verschiedene Qualitätsstufen bzw. Ausprägungen. Somit birgt sie Risiken. So trifft spiegelbildlich auch die umgekehrte Regel zu: Je schlechter die Passung zwischen Identität und Umfeld, Säulen und Mix, desto höher das Risiko eines Schadens am Marken-Wert. Versierte Radfahrer wissen: Ist auch nur eine Radspeiche gebrochen, gibt es eine unkomfortable Unwucht, mittelfristig brechen weitere Speichen und die „Laufrad-Fitness“ leidet. Kurz: Disharmonie ist riskant.

Eine ganzheitliche Betrachtung der Risiko-Problematik führt zu einer Liste von elf möglichen Risiko-Quellen. Die Risiken entstehen daraus, dass die Marken-Identität und der jeweilige Faktor nicht zueinander passen. Oder in der „Sonderfalle“ des Wettbewerbs, die Marke umgekehrt sich nicht eindeutig genug abgrenzt. Bei den Zielgruppen entsteht so ein unstimmiges, verwirrendes und austauschbares Bild. Je schlechter die Passung ist, desto höher ist das Risiko von Markenschäden.

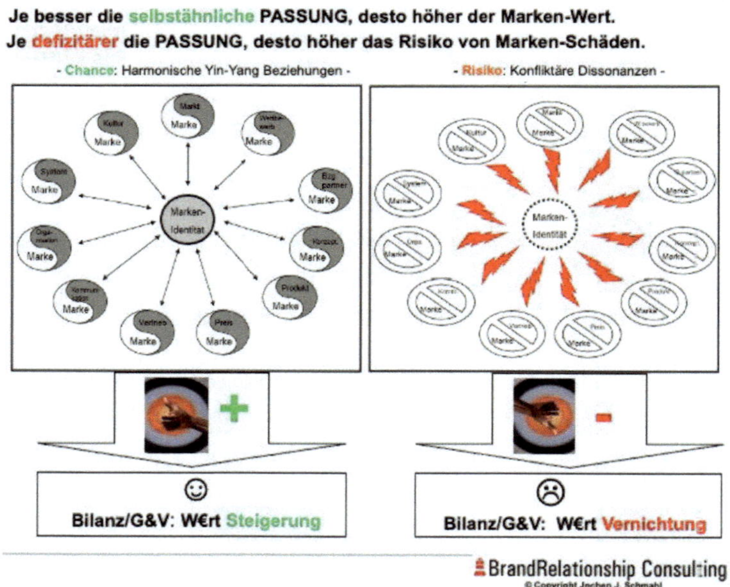

Praxisbeispiel: Vertrieb im Allgemeinen

Lassen Sie uns die Disharmonie am Beispiel des Marketingvertriebs und seinen Marken-Risiken verdeutlichen. An der direkten „Naht-Stelle“ zum Kunden kommt dem Vertrieb mit seinen vielen Frontmitarbeitern eine besondere Bedeutung zu: In keiner anderen betrieblichen Funktion ist der Kontakt zum Kunden so direkt, persönlich und eindrücklich wie hier. Nähe ist wichtig und wirkt im Positiven wie im Negativen. Folglich lassen sich an dieser „Speerspitze“ des Gesamtmarketings einerseits viele Chancen zur Differenzierung nutzen, andererseits lauern aber dort auch viele Fallen bzw. Risiken. Insbesondere für die vertriebsdominierten B2B- und Dienstleistungs-Unternehmen.

Ein Risiko besteht dann, wenn Marken-Identität und Vertrieb nicht zueinander passen bzw. nicht kongruent sind. Eine Marken-Identität muss im Vertrieb gelebt werden, fühlbar und „erlebbar“ sein. Im anstrebenswerten Fall ist der Vertrieb im Anspruch und de facto anders und besser als die Konkurrenz.

Entscheidend ist es allerdings, Worten auch Taten folgen zu lassen. Wenn nicht, wird aus der vertrieblichen Naht-, eine Bruch-Stelle. Marken-Identität als reines Lippenbekenntnis verärgert. Marken können reden, was sie wollen. Letztlich werden sie an dem gemessen, was sie tun und erledigen. Realitäten und Ergebnisse zählen. Sicherlich ist dies ein Grund, warum sich der Tastendrücker sowohl im Consulting als auch im Interim Manager dem „Resulting“ verpflichtet.

Praxisbeispiel: Mitarbeiter-Gewinnung

Harmonisch bzw. vorbildlich in der Risikoabwehr und in der Erlebbarmachung der Marken-Identität ist einer meiner Mandanten bei der Rekrutierung neuer Mitarbeiter. Der Klient weist im Bewerbungsinterview ausdrücklich und intensiv auf die Bedeutung der Marke für den Unternehmenserfolg hin. Dabei bleibt es nicht. Zusätzlich zum regulären Arbeitsvertrag muss der passende Bewerber Markenrichtlinien mit der Überschrift „Die Marke bist Du“ unterschreiben. Außerdem werden die Richtlinien in die Beurteilungs-, Beförderungs- und Vergütungskriterien inkludiert. Diese helfen, die Mitarbeiter zu Marken-Botschaftern zu wandeln.

Auf diese Art wird nicht nur eine gefährliche Disharmonie vermieden. Die intern als sogenannte „IdentiTäter“ Bezeichneten begeistern als Botschafter so stark, dass Kunden zu Fans werden. Charismatische Marken, anerkannte und stolze Marken-Advokaten und emotionalisierte Anhänger strahlen. Gewinner auf drei Seiten. Der Traum aller Marketeers.

Praxisbeispiel: Marken-Claim

Wenn es dagegen nur bei vollmundigen Worthülsen in aufwendigen Kommunikationskampagnen bleibt, ist das Budget verschwendet, die Marke unglaubwürdig und der Kunde irritiert. Nicht selten ist dieser „Brötchengeber“ erbost und lässt in den (a)sozialen Medien emotional und völlig einseitig viel „Dreck“ ab.

So war es auch bei der Dresdner Bank. Das Finanzinstitut beanspruchte für die Soll-Marken-Identität das Thema „Sympathie“. Sie kommunizierte mit einer millionenschweren Kampagne den Claim „Das grüne Band der Sympathie“. Diesen Anspruch musste die Dreba auch im Vertrieb einlösen und die produzierten Erwartungen im Kundenkontakt tatsächlich erfüllen.

Der „Schuss ging nach hinten los“: Die Bankangestellten am Schalter und in den Beratungszonen waren sehr wenig dienstleistungsorientiert. Sie behandelten die Kunden aufgrund defizitärer Kultur, Organisation und Systeme mehrheitlich mit einem „muffigen“ Gesicht. So mancher Kunde wurde ironisch und fühlte sich vom Vertrieb wortwörtlich „vertrieben“. Nomen est omen.

Nicht nur bei der Dresdner Bank sollte man in Theorie und Praxis noch einmal über die Begriffswahl „Vertrieb“ nachdenken. Nur allzu oft stimmt der Kunde wortlos mit den Füßen ab und wechselt den Anbieter. Und von denen gibt es genug. Für die Kunden gut, für die Marken schlecht. Gerade im digitalen Zeitalter mit einer riesigen Wettbewerberanzahl. Alle nur einen komfortablen Klick entfernt. Dieses Risiko hat die damals drittgrößte Privatbank unterschätzt und existiert heute nicht mehr.

Apropos heute: Während ich diese Zeilen im Frühjahr 2023 schreibe, erhole ich mich gerade von ähnlich abtörnenden Erlebnissen auf meiner Kundenreise mit einem Smartphone-Hersteller und dilettantischen schmerzhaften Kontaktpunkten mit einem Versicherungskonzern. Beide inszenierten sich zwar in der Werbung als Meister in der Kundenbetreuung, versagten aber bei der Realisierung elendig und lösten – vermeidbaren – Ärger, negative Marken-Propaganda und Marken-Wechsel zur Konkurrenz aus. Wahrscheinlich nicht nur bei mir. Wie Sie sehr wahrscheinlich im täglichen Leben selbst nur allzu emotional erzählen können, haben solche Enttäuschungen nichts an Aktualität verloren.

In vielen Fällen täte den Unternehmen mehr Zurückhaltung und Bescheidenheit bei der Formulierung ihrer Marken-Claims gut. Man denke nur an die „großspurigen“, „abgehobenen“ und „(d)englischen“ Aussagen der Mobilfunker (T-Mobile: „for a better world for you“; O2: „can do“). Wer so formuliert, muss sich daran auch messen lassen. So werden Erwartungen beim Kunden aufgebaut, die nicht oder kaum erfüllt werden können. Solche Risiken lassen sich vermeiden. Nicht erfüllte Erwartungen führen zu Unzufriedenheit: sowohl beim Kunden als auch beim überforderten und frustrierten Verkäufer, Kundendienstlern und Call-Center-Agenten.

Zur Brandstiftung mit Bumerang-Effekt kommt es, wenn der Kunde „sich auf den Arm genommen fühlt“. Vor allem, wenn er diese Negativerfahrung in seinem (a)sozialen Netzwerk multipliziert. Solche Mund-zu-Mund-Kommunikation erzielt eine besondere nachteilige Wirkung. Insbesondere in unserer Aufregungsgesellschaft über die Internetveröffentlichung. Dort findet das Negative auf eigens dafür eingerichteten Sites (Hass-Sites, Blogs, Beschwerdeforen) eine größere und aufgestachelte Verbreitung. Auf diese Weise ist die Kampagne nutzlos, das Budget verbrannt und das Image beschädigt. Aus einem shitstorm kann ein Marketeer-Alptraum werden: Istkunden flüchten und Neukunden werden vergrault.

Ein weiteres Risiko ist der Mangel an Kontinuität nicht nur beim Marken-Claim. Kunden lassen sich nicht binden, wenn es der Marke an Durchgängigkeit und einheitlichem Auftreten fehlt. Ein wesentlicher Grund ist das kurzfristige Job- bzw. Brand-Hopping vieler Brand Manager und Agenturen. Das führt zu ständig wechselnden inkonsistenten Konzeptionen und Kampagnen. Personalabteilungen und Marketingführungskräfte als Auftraggeber tragen daran eine Hauptschuld.

Haltung und Empfehlungen zur Selbst- und Fremdführung

„Warum ging ein Brand Manager nicht Bungee Jumping? Weil er Angst vor dem Risiko hatte, seine Brille zu verlieren.“ (unbekannter Verfasser)

Um zu vermeiden, dass Sie mich fälschlicherweise als paranoiden risikofixierten Kontrollfreak in die nächste Persona-Schublade reinzwängen, zwei Entgegnungen und Empfehlungen.

Entgegnung und Empfehlung A:

Als Unternehmersohn, Freiberufler und Leistungssportler bin ich naturgemäß alles andere als defensiv und ängstlich. Dystopien und Apokalypse Fehlanzeige. Jene Einstellungen wären sowohl atypisch als auch kontraproduktiv für meine Berufung und die Marken-Visionen meiner Klienten.

In meiner Zeit im Autovertrieb von Mercedes lernte ich, dass ein Übermaß an Angst lähmt und zu viele wunderschöne Träume beerdigt. Übermäßige Angst ist kein guter Ratgeber und kann zu Armut führen. In diesem Fall fehlt es an Mut bzw. derjenige war „arm an Mut".

Beispiel 1: Der Verkäufer traut sich nicht, die Abschlussfrage zu stellen und zur Vertragsunterschrift zu motivieren. Letztlich viel Aufwand ohne Ernte.

Beispiel 2: Die Marke will es allen Zielgruppen recht machen. In der Harmoniefalle ist sie ohne Ecken und Kanten eine Null. Das gilt dann leider auch für Bekanntheit, Image und Umsatz. Der charismatische CSU-Kanzlerkandidat Franz-Josef Strauß warnte: „Everybody's darling, is everybody's Depp!" Marken-Experten wissen: Wer sein Leben so einrichtet, dass er niemals auf die Schnauze fallen kann, der kann nur auf dem Bauch kriechen.

Einer der roten Fäden meiner Marken-Seminare lautet: „Nur das gewisse Etwas hebt Sie ab. Nur das Besondere verschafft Ihnen und Ihrer Marke ein Profil. Wenn Sie ein Original gebären und bemuttern, sollte es nicht als Kopie sterben. Wirbeln Sie lieber Staub auf, als Staub anzusetzen und übersehen zu werden. Zur Einzigartigkeit einer *Leuchtmarke* gehören Risiko, Mut und Handlung."

Vielleicht gefällt Ihnen auch der folgende Tipp:

„Es ist angenehmer, die Nadel zu sein als der Heuhaufen" (Jon Hammer alias Don Draper in Mad Men).

Entgegnung und Empfehlung B:

In der Mehrzahl aller Situationen konzentriere ich mich auf das Ausnutzen von Chancen und Machen. Im Großteil meiner Mandate geht es um Potentiale und Wachstum. Diese werden aber lebenskonform immer von Risiken und Fehlern begleitet. Insbesondere, wenn Marken ein Profil mit Ecken und Kanten haben wollen. Belohnung winkt nur bei Sichern und Wagen. Eine Marke darf zwar nicht brennen, soll aber leuchten und die Kunden zum Strahlen bringen (sogenannte „brand heat"). Sie ist nur dann ein Magnet mit Vorsprung, wenn sie Chancen ergreift und da anpackt, wo Kunden und Wettbewerber sich Sorgen machen, paralysiert sind und jammern.

Als Ex-3M-Marketeer (Anmerkung: die Unternehmensmarke 3M ist weltberühmt für erfolgreiche Fehlerkultur und extrem hohe Innovationsquote) und Leistungssportler habe ich ein konstruktives Verhältnis zu Fehlern und eine hoffentlich gesunde Beziehung zu Risiken entwickelt. Für die Selbst- und Fremdführung halte ich das für elementar. Als ehrgeiziger „Junior" war das noch anders: Da empfand ich Misserfolge oft noch als Katastrophe, wollte es jedem recht machen und fälschlicherweise von allen gemocht werden.

Mit den Begegnungen aus Jahrzehnten Marketing, 20 Jahren Selbständigkeit und 30.000 sportlichen Trainingsstunden reifte eine hellere Einsicht. So gingen mir einige Lichter auf. Im Sinne von Orientierungspunkten und Impulsen werde ich diese Geistesblitze im Buch sukzessive vorstellen. In oft dunklen und unsicheren Zeiten ist bestimmt was Erhellendes, Ermutigendes und Zündendes dabei. Nachfolgend das erste Dutzend Lichtblicke.

Lichtblick 1: Zusammenbrüche können den Weg zu Durchbrüchen ebnen. Oft müssen wir erst vom Pfad abkommen, um „nicht auf der Strecke zu bleiben“, den richtigen Weg zu entdecken und Grenzen zu überwinden.

Dazu ein eigener Leidens- und Höhenweg:

Noch heute erinnere ich mich schmerzhaft an meine Jahre auf dem Gymnasium. Damals kam so einiges zusammen. Da war zum einen die Pubertät und meine Liebe zum Blödsinn veranstalten. Leider fanden das weder Lehrer noch Eltern besonders witzig. Zum anderen war ich nicht wirklich an einem geregelten Schul- und Lernalltag interessiert. Disziplin war ein Fremdwort und hatte sieben Siegel. Meine Moped-Freunde und das „Frisieren“ der Zweiräder fand ich viel aufregender. Zumal letztere auch noch einen guten Sound hatten. Nach überstandener Legasthenie quälte mich dann auch noch eine dreijährige Nasennebenhöhlenentzündung und machte mir das Denken zur Qual. Spätestens als ich dann in der 10. Klasse eine Ehrenrunde drehen musste, gab es ordentlich Krach.

Gott sei Dank, machten mir nicht nur meine Erzeuger ordentlich Dampf. Mich selbst „fuchste“ es ungemein, in der Schule zwar Klassenclown spielen zu dürfen, aber leistungsmäßig immer im letzten Zehntel der Klasse zu sein. Das Risiko, dass Abi aufs Spiel zu setzen und meine vollen Potentiale im Sport nicht auszureizen, war auch nicht gerade ein Stimmungsaufheller. In einer verheulten Vollmondnacht beschloss ich, diesem Lotterleben Adieu zu sagen. Ich schwor, dass ich ab jetzt nie wieder „abgehängt" werden wollte. Never, ever!

Nach dieser „Sternstunde" riss ich mich als Spätentwickler überall am Riemen (Sport, Oberstufe, Bundeswehr, Lehre, Studium) und konnte den meisten Risiken und Katastrophen ein Schnippchen schlagen. Als Berater nennt man das wohl in denglischer Weise ein Paradebeispiel für einen Milestone und Gamechanger. Der „Ball" kam nach ersten Hürden immer „öfter übers Netz". Die soziale Anerkennung flog auf mich zu, das Selbstvertrauen wuchs und das Verständnis von Ursache und Wirkung gedeihte. Mit viel Fleiß war ich immer häufiger vorne und oben. Egal ob im Sport, als Klassenbester in der Berufsschule oder beim Auslandsstipendium und Prädikatsexamen sowie in meiner Marketingberufung.

Am meisten half mir (bis heute) der Sport. Hier war der Zusammenhang von Saat und Ernte offensichtlich. Hier konnte ich täglich beweisen, wie nützlich es ist, sich mit voller Kraft kontinuierlich zu engagieren und – wie in der Marketingwelt – die Belohnung einzufahren.

Lichtblick 2: Wer nicht variiert, stagniert oder degeneriert.

Lichtblick 3: Weise ist nicht der, der am wenigsten Fehler macht, sondern der, der am meisten aus ihnen lernt.

Lichtblick 4: Rückschläge und Stürze gehören zum erfolgreichen Marketing und Leistungssport wie das Mantra „Aufgeben kannst Du bei der Post". Die Macher und Meister wissen: Du verlierst nie. Entweder gewinnst Du oder Du lernst.

Lichtblick 5: Unser Jetzt an Wollen, Wissen, Können und Haben ist die Summe aller Irrtümer und Grenzüberschreitungen (Verlassen der Komfortzone).

Lichtblick 6: Fehler sind der Beweis, dass Sie es versucht haben.

Lichtblick 7: Wenn Sie Neid und Kritik anziehen, machen Sie vieles richtig.

Lichtblick 8: Wir sollten beim Ausprobieren nicht auf eine Erlaubnis warten. Entschuldigen können wir uns später.

Lichtblick 9: Nur wenn wir viel arbeiten und gesunde Risiken eingehen, können wir Fehler machen und daraus lernen. Fleiß wird belohnt. Wenn wir keine Fehler machen, sollten wir uns fragen, ob wir genügend trainieren und uns ausreichend fordern. Wenn wir die extra Meile laufen, Anstrengungen umarmen und Erwartungen übertreffen, haben wir drei Vorteile: Die Muskeln wachsen (inklusive Gehirn und Motivation), die Konkurrenz schrumpft und die Zielgruppe ist zu Recht angetan.

Lichtblick 10: Fehler können schmerzen. Wunden und Wunder sind häufig Zwillinge: Aus den Wunden können Wunder entstehen.

Lichtblick 11: Nach einer Absage und einem Misserfolg, können wir Sackgassen und Stolpersteine zum Lernen nutzen. Regelmäßig entstehen so neue Ideen und passable Trittsteine. Oft lässt sich damit ein neuer Weg pflastern und ein schönes Haus bauen. Die Botschaft von N.E.I.N. lautet: *Noch. Ein. Impuls. Nötig!*

Lichtblick 12: Mut und Demut sind elementar. Übermut und Hochmut sollten wir meiden. Entscheider sind dankbar und trennen sich von Hasardeuren und russischem Roulette.

Anmerkung: Natürlich bin ich kein Übermensch. So gelingt es mir nicht jeden Tag, allen Lichtblicken zu folgen. Aber immer öfter.

Schäden

Marken-Risiken lassen sich den vier Bereichen Konzeption (Ziele, Strategie, Instrumente), Organisation (Aufbau, Ablauf), System (IT, Personal, Controlling) und Kultur zuordnen. In jedem dieser Bereiche stecken Brand-Quellen, die die Marke einem Feuer ausliefern und zu Schäden an der Marke führen können.

Mögliche Brand-Schäden sind enorm, wobei vorökonomische und ökonomische Schäden zu unterscheiden sind.

Vorökonomische Markenschäden (Früh-Indikatoren):

- sinkende Bekanntheit,
- sinkendes Marken-Vertrauen,
- Verschlechterung des Gesamtimages,
- Identitätsverwässerung,
- Verschlechterung der Teilimages,
- Auslistung im Handel,

- Bewerbermangel,
- Mitarbeiterkündigungen,
- sinkende Empfehlungsrate,
- sinkende Loyalität,
- sinkende Kundenzufriedenheit.

Ökonomische Marken-Schäden (Spät-Indikatoren):

- sinkende Absatzmenge,
- sinkender Preis,
- sinkender Umsatz,
- sinkender Gewinn,
- sinkender Marktanteil,
- sinkender finanzieller Marken-Wert,
- steigende Kosten,
- steigende Schulden,
- Insolvenz, Entlassungen und Notverkäufe.

Beispiel gefällig? Das rasante Bankenbeben der Credit Suisse vernichtete nicht nur Milliarden Schweizer Franken an Börsenwert und Steuergeldern (vgl. Handelsblatt.com, 20.3.23), sondern auch Tausende Arbeitsplätze. Sicherlich wird dieser Fall weltweit als höchst trauriges Komplettversagen in die Lehrbücher eingehen und noch die letzten Schlafwandler aufwecken. Hoffentlich auch diejenigen, die meinen, solche größten anzunehmenden Unfälle (GAU) würden den alteingesessenen (Gründung 1856) und bedeutenden Konzernmarken nichts anhaben können (q.e.d. – was zu beweisen war …).

Viele „Unterlasser", „Abwarter" und „Man-müßte-Maler" sind hilflos. Sie suchen nach einem System, wie man effektiv und effizient diese Risiken weitgehend in den Griff bekommt und Schäden vermeiden kann. Allerdings muss man dabei auch realistisch sein und erkennen, dass eine Marke nicht jeden Feuersturm komplett abwehren kann. Andererseits lässt sich der weitaus größte Teil der Risiken vorhersehen, umgehen und reduzieren. Wie das möglich ist, kläre ich in den folgenden Kapiteln.

Rückblick (Executive Summary)

5 vor 12 bzw. wollen und können Sie es sich wirklich „l€isten", auf Prävention zu verzichten?

Marken-Risiko

Marken-Risiken sind durch unterschiedliche Eintrittswahrscheinlichkeiten und mögliche Schäden charakterisiert. Bedeutendstes Risiko ist eine Beschädigung des Marken-Wertes. Dessen Anteil kann bis zu 77 % des Unternehmenswertes betragen

Der Marken-Wert basiert auf einer marktattraktiven Marken-Identität. Zu ihr gehören Definition und Erlebnis der acht Elemente Vision, Mission [Purpose], Ziele, Leitlinien, Positionierung, Charakter, Kompetenz, Design und Einzigartigkeit.

Das vertrauens- und nutzenbasierte Leistungsversprechen wird mit Hilfe interner Säulen (Organisation, Systeme, Kultur) und Marketing-Mix bei den Beziehungspartnern (Kunden, Mitarbeitern, Lieferanten, Medien) eingelöst. Was ist, wenn diese Garantie nicht von allen erbracht wird und viele nur halbherzig dabei sind? Die Marke verschenkt Kundenpotential, sinkt im Wert und setzt ihre Existenz aufs (ernste) Spiel.

Passung

Der Grad, zu dem die Marke die nutzenbasierten Erwartungen der Zielgruppe erfüllt, bestimmt ihren Wert. Je höher die Konformität zwischen Identität sowie Markt, Säulen und Mix andererseits, desto profilierter und meist attraktiver das Marken-Image und desto höher der Marken-Wert.

Schäden

Elf mögliche Brand-Quellen existieren. Zugeordnet zu den vier Bereichen Konzeption, Organisation, System (IT, Personal, Controlling) und Kultur. Die Ursache-Wirkungsregel: Je geringer die Konformität zwischen Identität einerseits sowie Markt, Säulen und Mix andererseits, desto unklarer und meist austauschbarer das Marken-Image und desto niedriger der Marken-Wert.

Zu den vorökonomischen Schäden gehören: sinkende Bekanntheit, verschlechtertes Image, reduzierte Empfehlung, abnehmende Loyalität und eingeschränkte Zufriedenheit. Zum ökonomischen Leid gehören abwandernde Kunden und sinkende Preise. Gleichzeitig steigen Kosten. Die Gewinne verabschieden sich. Letztlich wird Mitarbeitern gekündigt. Ultimativ werden Unternehmens- und Produkt-Marken dem Feuer geopfert.

Schlüsselfrage

Lieben Sie das Spiel mit dem Feuer und riskieren das Abfackeln Ihrer Marke?

Ausblick

Im dritten Kapitel wird ein System zum professionellen Umgang mit Risiken in seinen wesentlichen Grundzügen phasenspezifisch (Analyse, Konzeption, Implementierung, Controlling) mit Aktivitäten und Werkzeugen skizziert. Bestimmt ist mehr als nur ein Impuls dabei, Ihren CV und Ihre Marke oben zu halten und nach vorne zu bringen. Sehen Sie es mir im Gegenzug nach, wenn auf den folgenden Seiten gelegentlich Eigenlob (hoffentlich „geruchsneutral") und Selbstanpreisung durchscheint. Ist unter Marketeers eine Berufskrankheit ...

Marken-Risiko-Management (M.R.M.)

Einblick

Im dritten Kapitel erfahren Sie in punkto Marken-Risiko-Management,

- warum Playback kein pay back bringt,
- wieso das Credo „Wer nicht variiert, stagniert", so mächtig ist,
- dass 1,3 kg Gehirnschmalz mehr als 1 Tonne Löschwasser bewirkt,
- wie Sie Ihren Marken-Tresor vor einem Angriff schützen.

„Der Krimi, den das (Marketing-) Leben schrieb" (Die Aufrüstung bzw. Folge 3):

Die Marketingdirektorin (nennen wir sie Lara C.) und ihre Kollegen waren angesichts der Haltlosigkeit der Anschuldigungen völlig überrascht worden.

In der Defensive galt es mit höchster Priorität, Rahmenbedingungen und eine Struktur zu schaffen, die in der Lage war, auf höchst diskrete Weise die Hintergründe zu beleuchten, einen Plan zur Verteidigung zu entwickeln, Gegenmaßnahmen umzusetzen und mit begleitendem Monitoring und wachsendem Wissen immer weiter zu verfeinern.

Mittlerweile arbeiteten wir mit diversen technischen, inhaltlichen und personellen Geheimhaltungsmaßnahmen wie z.B. Codenamen. Alles erinnerte sehr stark an einen Spionagethriller aus Hollywood.

Aufgrund der weltweiten Auswirkungen verstärkten wir uns mit einem hochrangig besetzten Team mit globalen Büros. Dessen Chefin hatte schon ähnliche Mandate bewältigt und sich den berechtigten Ruf als „weiblicher Red Adair" erarbeitet. Die Experten vor Ort sollten uns in die Lage versetzen, gegebenenfalls weitere „Angriffe" frühzeitig zu entdecken und zu parieren.

Das Briefing von Lara C. war klar: Wir mussten alles daran setzen, eine weitere Rufschädigung zu vermeiden.

„Wenn Sie die Risiken *nicht* angreifen, werden die Risiken *Sie* attackieren" (vgl. Gilb).

Übersicht und Ziel

Ein umsichtiger und ausgewogener Umgang mit Gefahren folgt der Stimme der Vernunft. Dieser zuzuhören, kann den eher risikoaffinen und redsamen Marketeers meist nicht schaden.

Die nachfolgende Methodenskizze eines Marken-Risiko-Management (M.R.M.) Systems beschreibt ein vierphasiges präventives Verfahren. Management wird verstanden als verantwortungsfokussierte fachliche und persönliche Selbst- und Fremdführung von Menschen, Budgets, Marken und Marketinginstrumenten.

Zugrunde liegt dem Prozess eine regelmäßige Analyse von Marken-Risiken und das Wissen um die Stärken eines antizyklischen Vorgehens. Die Untersuchung dient als Entscheidungsbasis für gegensteuernde Konzeption und Implementierung mit anschließendem Controlling.

Das Ziel ist es, die Störanfälligkeit des Marken-Prozesses zu reduzieren und Krisen zu verhindern. Gleichzeitig sollen möglichst früh Schwelbrände (sogenannte Frühindikatoren) aufgespürt werden, um rechtzeitig „löschen“ zu können und weitreichendere Schäden zu vermeiden. Entspannter formuliert: „Risiko Management ist die Kunst, sich zu kratzen, bevor es juckt“ (In Anlehnung an Sellers).

Die große Chance zur Profilierung

Wie gehen Sie mit Risiken um?

Konfuzius erkannte: „Der Mensch hat dreierlei Wege, klug zu handeln: Erstens durch Vordenken, das ist der edelste. Zweitens durch Nachahmen, das ist der leichteste. Und drittens durch Erfahrung, das ist der bitterste.“

Viele Mitglieder der dritten „Patientengruppe“ sind überdurchschnittlich passiv und ängstlich. Sie warten nur ab und hoffen. Letztlich verschenken sie damit ihren Einfluss. Als Opfer überlassen sie ihr Schicksal dem Zufall und sind „machtlos“.

Führungskräfte der ersten und zweiten Handlungsgruppe sind aktiv und bereiten sich vor. Sie sind „Entscheidungsfäller“ statt nur Entscheidungsträger. Zumindest bei dem, was man kontrollieren kann. Entscheidungsfäller haben die Gelassenheit, Risiken zu akzeptieren, die man nicht ändern kann. Gleichzeitig aber die Stärke, das zu ändern, was sie ändern können. Hoffentlich auch die Weisheit, beides voneinander zu unterscheiden …

Wer vorausdenkt und vorangeht, sieht die Einführung eines Marken-Risiko-Management (M.R.M.) Systems nicht als lästiges Übel. Im Gegenteil: Vorbilder freuen sich, da sie sich und ihre Marke durch eine systemische Management-Innovation wettbewerblich differenzieren können. Leader wertschätzen, dass sie in Krisen den größten Vorteil bzw. Vorsprung erzielen können. Für die eigene Karriere (inklusive Personal Brand) und Unternehmens- und Produktmarken.

Leader profitieren von drei Pluspunkten:

- Machen gibt Macht.
- Starke Marken machen Märkte und drücken Branchen ihren Stempel auf.
- Vorreiter sind bekannter, meist beliebter und heben sich von 0815-Angeboten ab.

Verharren und Kopieren reicht für eine differenzierende Positionierung nicht aus, um Geld zu verdienen: „Playback bringt kein pay back".

Vorsprungspotential bietet sich nicht nur durch die „4 Ps" in Form besserer Produkte (product), günstigerer Preise (price), überlegenem Vertrieb (place) und überzeugender Kommunikation (promotion).

Eine Chance zum Sieg und zur Profilierung kann im Management liegen. Der Platzvorteil einer präventiv-aktiven Spielweise führt im üblichen „1:1" der Marketing-„Spiele" zum Siegtreffer.

Wer initiativ ist, kann zur *Leuchtmarke* werden. Diese ist einzig, nicht artig. Häufig auch in der Führung. Vorbildlich und mutig bereitet sie sich antizyklisch in guten Zeiten auf schwere Zeiten vor. Wenn es dann im Markt „rappelt“, trennt sich die Spreu vom Weizen und die Starken überleben.

Von amerikanischen Ex Kollegen (3M, Grey Strategy Advisors, BBDO Consulting) lernte ich, Herausforderungen positiv zu nutzen. Ihre Redewendung „When it's getting tough, the tough get going!“ hat mich im Beruf und Leistungssport schon oft motiviert. Ich hoffe, dass auch Sie stürmische Verhältnisse nutzen und keine Krisen vergeuden.

Selbstführungs-Lichtblick zu Start Herausforderungen

Das Beginnen fällt uns oft besonders schwer. Woher kommt diese Blockade? Seneca serviert Problem und Lösung parallel:

„Nicht weil es schwer ist, wagen wir es nicht, sondern weil wir es nicht wagen, ist es schwer.“

Lichtblick 13: Natürlich ist auch der unvollkommene Verfasser im ständigen Kampf mit seinem „Inneren Schweinehund“. Die tägliche Auseinandersetzung mit diesem fesselnden Untermieter können wir durch den ersten Schritt gewinnen. Auf geht's, mach los!

Glühbirnenerfinder Edison hilft Ihnen und mir, immer wieder ins Tun zu kommen:

„Es ist besser, unvollkommen zu beginnen, als perfekt zu zögern“.

Fremdführungs-Lichtblick zum Umgang mit Antagonisten

Lichtblick 14 – Gegner 1: Meiden Sie bei der Einführung des Systems die nein sagenden Fehlervermeider. Bodo Schäfer nennt sie „Enten“: „Sie quaken, statt Ergebnisse zu erzielen.“

Halten Sie sich von negativen Menschen fern. Lesen Sie vorab deren „Beipackzettel“: Die haben ein Problem für jede Lösung. Bereiten Sie sich mental auf ihr Jammern und ihre Ausreden vor. Zu wissen, dass sie in jedem Projekt künstliche Hürden aufbauen, ist schon mal ein erster psychologischer Trittstein. So können Sie diese vielleicht ignorieren oder ihnen entspannt entgegentreten …

Halten Sie sich auch von zerstörerischen Dämonen fern. Verbieten Sie ihnen destruktive Zwiegespräche. Stellen Sie ihnen ein deutliches Stoppzeichen entgegen.

Lichtblick 15 – Gegner 2: Lassen Sie sich nicht von notorischen Zweiflern abhalten. In 40 Unternehmenseinsätzen begegneten mir diese unproduktiven und destruktiven „Bremser“ überall. 127 Marketingprojekte und 179 Wettkämpfe haben mich gelehrt, die „Reichsbedenkenträger“ immer mit einzukalkulieren. Das ist der erste Schritt zum buddhistischen „Om“. Der zweite Schritt ist die Weisheit „Sieger zweifeln nicht, Zweifler siegen nicht“ (Kreuter).

Zuerst fragen misstrauische Zweifler, *warum* Sie das machen. Ein gutes Zeichen, denn Kritik und Neid müssen sich fähige Leute und starke Marken verdienen. Später fragen missgünstige Zweifler, *wie* Sie so erfolgreich sein konnten.

Bestimmt sind Sie im Büro auch schon „Yannick Zweifel“ begegnet. Er gehört zur „Hätte, könnte, sollte und vielleicht-Fraktion“.

Wenn Sie ihm stur und selbstbewusst widerstehen, wird aus dem „vielleicht“ ein „viel leichter“.

Seien Sie stärker als die größten äußeren und inneren Zweifel. Überwinden Sie die massivste Ausrede. Sowohl die von „Sarah Ausflucht“ als auch Ihre eigene.

Als Belohnung winkt die Überwindungsprämie. Sie setzt sich als Trio aus Resultaten, Glücksgefühlen (z.B. Gänsehaut) und neidvoll gratulierenden Zögerern zusammen. Apropos Prämie: Es ist kein Zufall, dass unsere Unternehmerfamilie 190 Jahre jung ist und ich im Juni 2022 zwei Jahrzehnte BrandRelationship Consulting feiern durfte. Da gab es immer wieder einige Zweifler, Zweifel und Verzweiflung zu überwinden.

Von meinen (Ur-)Großeltern und Eltern lernte ich, dass man als Selbständiger mit der Zeit gehen muss, um nicht mit der Zeit zu gehen (siehe Galeria Kaufhof).

Zur Erfolgsursache gehört sowohl die ständige Ausrichtung am Kunden als auch das „Links liegen lassen“ der bremsenden Zeitgenossen (aka notorische Zweifler). Zeit ist bekanntlich knapp und kostet Geld. Beide Ressourcen sollten wir nicht für die energiesaugenden Dauerzweifler verschwenden. Ihr Jammern füllt keine Geldkammern. Chancen ergreifen, Jasagen und konstruktives Tun dagegen sind überaus rentabel.

Das aktive Nachvornegehen mit der Maxime „Wer nicht variiert, stagniert“ empfiehlt sich für jedes Unternehmen. Nomen est omen: Es geht um unternehmen ... Sonst hieße es unterlassen ...

Nur wenn Sie vorausschauen und die Initiative ergreifen, ist Ihre Marke gerüstet, dauerhaft daseinsberechtigt und nutzenstiftend. Lassen Sie uns notwendigen Wandel fortwährend begrüßen.

Fremdführungs-Lichtblick zur Gewinnung von Protagonisten

Lichtblick 16: Gewinnen Sie Möglichkeitsmacher und Umsetzer, die keine Angst haben, Probleme anzupacken. Suchen Sie Mitkämpfer, die *dafür* sind und sich über die Chance zum Wachstum freuen (siehe Erstsilbe „pro" … in Probleme).

Die Beweger sind nicht naiv, sondern erkennen die Macht, ihr eigenes Schicksal und das der Marke überwiegend selbst bestimmen zu können. Wohltuend anders als die, die sich von staatlichen Almosen aka Bürgergeld, Wohngeld, etc. abhängig machen. Energiespendend anders als die, die oberlehrerhaft und destruktiv-passiv von vorneherein wissen, dass es nicht geht. Optimistische Topleute haben kein Interesse an Schuldzuweisungen. Wie ein Trüffelschwein suchen sie ständig und fokussiert nach Lösungen. Das Motto: Versuch macht „kluch". Das Ergebnis: Wege statt Ausflüchte.

Fördern und fordern Sie diese Mitunternehmer so gut wie möglich. Statten Sie sie vertrauensvoll mit Frei- und Spielräumen aus (Empowerment).

Diese Bewegungsfläche erhöht nicht nur deren Überzeugung und Leistung (viel nach vorne bringen, nicht klagen). Die Ausstrahlung, Begeisterung und Energie verbreitet sich unter ihresgleichen wie ein Lauffeuer. So müssen Antagonisten klein beigeben und werden mitgezogen. Mit einer motivierten Truppe wird

Ihre Marke im Rahmen des Employer Branding zum Magneten für Botschafter Ihrer Marken-Identität.

Adressieren Sie aber auch deutlich, dass alle Wolkenkratzer mal als Keller angefangen haben. Wenn allerdings der Startschuss fällt, entwickelt sich eine positive Eigendynamik auf dem Weg in die Obergeschosse. Haben Sie mit Ihrer Truppe Stufe 1 bewältigt, kommt Ihr Projekt ins Laufen und das Wunder beginnt: „Den Laufenden schiebt sich der Weg unter die Füße."

Der kultige Nike Marken-Claim „Just do it" sollte dabei auf allen Etappen (the sky is the limit) unser ständiges Mantra sein: Machen statt hätte, sollte, würde, könnte!

Auswahl von Dienstleistern

„Manchmal braucht man die Gedanken Anderer, um auf andere Gedanken zu kommen." (Ferstl)

Lichtblick 17: Um die bestehenden Verhältnisse neutral, methodensicher und im Vergleich bewerten und – vor allem – verbessern zu können, empfiehlt sich die Nutzung externer Dienstleister. Zwar ist der Verfasser dabei nicht ganz objektiv, nutzt diesen Diskurs aber auch als Selbstständiger selbst ständig … mit zwei Absichten:

A. Zum einen öffnen wir unsere einseitige und limitierte Gedankenblase. Externe Fachleute lassen sie platzen und injizieren neues Denk- und Tatenfutter.

B. Zum anderen gewinnen wir schonungslose Blicke, Worte und Energie von außen. Unabhängige Klartexter thematisieren das Ausgeblendete, energetische Anpacker liefern uns den wettbewerbsdifferenzierenden extra Schub nach vorne.

Die systematische und fundierte Auswahl entscheidet, ob Sie Ihre Risiken in den Griff bekommen. Überlassen Sie die Selektion Väterchen Zufall und ihren Assistenten, setzen Sie Ihre Karriere und Marke sogar zusätzlichen Gefahren aus. Gut, dass Sie wie immer wählen können. Die folgende Stärken-Schwächen-Analyse benutze ich in meinen Consultingseminaren zur Ausbildung von Beratern. Sie beurteilt neun Alternativen (A bis I) mit einer „Ampelbewertung".

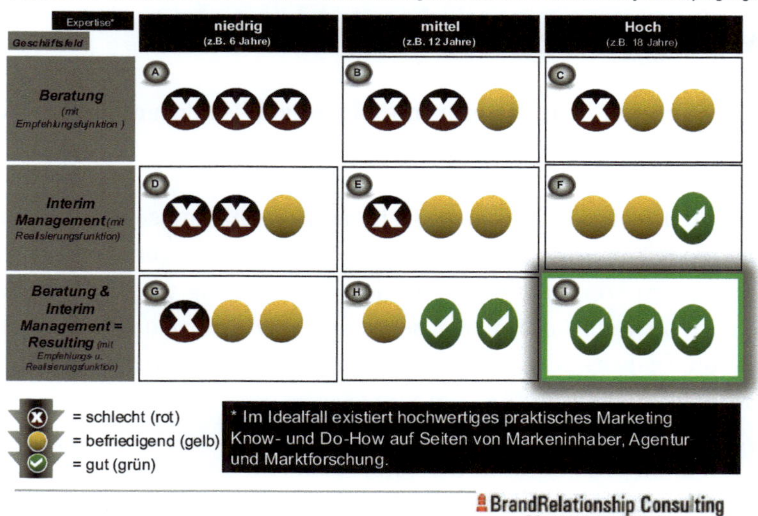

Abbildung: Dienstleisterauswahl

Auf Basis dieser Grafik werden auf den folgenden Seiten in fünf Abschnitten eine Reihe von Erkenntnissen und Empfehlungen gegeben.

Offenlegung: Sehen Sie mir nach, dass ich bei diesen Empfehlungen angesichts meines Lebenslaufes einen Interessenskonflikt habe. Dennoch gebe ich sie aus voller und ehrlicher Überzeugung. Wären wir befreundet, würde ich dieselben Empfehlungen geben.

Zu den Berater-Alternativen A-C (obere Zeile):

Von einer Entscheidung, „pure" Beraterspezialisten für den gesamten Prozess zu engagieren, ist abzuraten. Beim vierphasigen M.R.M. geht es nicht nur um beratertypische Analyse und Konzeption, sondern insbesondere um die Implementierung (und folgendes Controlling).

Mit der Wahl eines Beraters haben Sie folglich das Risiko, dass die Vorschläge in Ihrer Arbeitsrealität nicht umzusetzen sind. Andererseits entsteht weiterer Aufwand für die zusätzlich nötige Auswahl und Begleitung eines Interim Managers. Denn dieser wird benötigt, um die Vorschläge zu implementieren. Es liegt in der Natur des Menschen, dass dieser sich häufig nicht automatisch mit diesen Ideen identifiziert. Haben Sie nicht schon genug Stress?

Möglicherweise entscheiden Sie sich dennoch zumindest in der Analyse und Konzeption für einen Berater oder ein Unternehmen mit mehreren Beratern. Wenn ja, wäre ich skeptisch, wenn die Anbieter lediglich auf eine reine Kommunikationsagentur- oder sozialwissenschaftlich-psychologische Marken-Ausbildung zurückgreifen. In diesem Fall fehlt die substanzielle Erfahrung auf Marketer-Seite in den Bereichen Produkt-, Preis-, und Vertriebsmanagement. Diese Instrumente sind das überzeugende Herz des Marketings und prägen die Endkundenerlebnisse am intensivsten. Daher sind sie als „Pflicht- und Hygiene-Bereiche" wichtiger als die Kommunikation. Konklusion: Eine Vita mit entsprechender „Bodenhaftung“ auf Markeninhaberseite ist vorzuziehen.

Zu den Interim Manager-Alternativen D-F (mittlere Zeile):

Interim Managern ohne fundamentale Beratungserfahrung fehlt es oft zwangsläufig an der Qualität bei Analyse und Konzeption. Diese vorweg einzukaufen, ist aufwändig und bedingt die bereits beschriebenen Akzeptanzprobleme beim Manager auf Zeit.

Zu den niedrigen und mittleren Expertisen-Alternativen A, D, G; B, E, H (ersten beiden Spalten):

Umfangreiche Erfahrung auf dem neuesten Wissensstand und mit schlauen Schlussfolgerungen sollte höchste Priorität haben. Unerfahrenen Dienstleistern, die nie in der Industrie gearbeitet haben und ohne Lehre und/oder nach der Hochschule sofort einen Mandanten verantwortlich unterstützen sollen, stellen aufgrund fehlender Praxiserfahrung ein immenses Risiko dar. Eine Entwicklung in der Abfolge „Kreißsaal – Hörsaal – Konferenzsaal“ halte ich für sehr fragwürdig.

Achtung, liebe „Buchstabengenerationen Y, Z“ und „Frauentruppe“, kein Grund für Bashing-Alarm. Chillen ist angesagt! Der Dichter dieser Schwarz-Weiß-Komposition ist alles andere als dieser typische weiße, alte Mann, der wie so viele als peinlicher Besserwisser die „ach so dummen und faulen jungen Männer und Frauen“ disst. Im Gegenteil. Ich oute mich als Fanboy der gemischten Teams unter Einbezug vieler Erfahrungen, Generationen und Geschlechter. Eine Handvoll Beispiele stehen für sich:

- Beispiel 1: Ich habe nicht nur wunderbare „Y/Z-Neffen und -Nichten“, sondern verbringe seit Jahrzehnten bis heute den Großteil meiner Freizeit mit den 20 bis 40-jährigen Sportkameraden und Sportkameradinnen.

- Beispiel 2: Seit 2001 gebe ich mit Herzblut Marketingvorlesungen an Hochschulen. Raten Sie mal, wem ich dort begegne.

- Beispiel 3: In all meinen Marketingprojekten habe ich schon immer diverse Teams (z.B. drei bis vier Generationen) mit verschiedenen Erfahrungshorizonten, Fach- und Persönlichkeitskompetenzen präferiert. Nicht, weil das gerade en vogue, politisch korrekt oder leider manchmal erzwungen ist. Sondern weil ich seit Jahrzehnten die kreative Power schätze und immer wieder erlebe, was sich wie in New York aus so einem „Schmelztiegel“ herausholen lässt und wie wyld die Projektpartys sein können.

- Beispiel 4: Die Begabungen von Frauen bewundere ich seit meiner Berufsausbildung. Zumal sie im Marketing besonders gut aufgehoben sind und in den Hochschulen die besseren Leistungen bringen. Einige von ihnen durfte ich schon bis zur Doktorarbeit fordern und in die Führungsetage fördern. Gerne mehr davon.

- Beispiel 5: Ich freue mich, wenn ich jungen Talenten bei der Karriere helfen kann und an ihrem Glück teilhaben darf. Kein Wunder, dass sich viele meiner Xing-Kontakte aus den Vorlesungen ergeben haben und noch immer anhalten.

Allerdings …, seien Sie offen und ehrlich: Würden Sie ernsthaft Ihre komplizierte Knie-OP einem Arzt im Praktikum (AiP) anvertrauen? Oder würden Sie es auch als 25-Jähriger vorziehen, von einem Boomer-Chefarzt mit langjähriger Expertise und der Routine von Hunderten Operationen behandelt zu werden?

Mir ist es schleierhaft, wieso Medizinpatienten meist schlau sind (und die Erfahrung vorziehen), während Mandanten regelmäßig auf Anfänger und Durchschnitt setzen.

Wie wollen Marketing Youngster die Theorie von der Praxis unterscheiden? Noch gut erinnere ich mich an eine vom Mandant erzwungene Co-Beratung mit Consultants von KPMG. Dort saßen bis auf den Projektleiter nur frische Hochschulabsolventen. Abends an der Bar gestand mir eine Juniorin sogar, dass sie sich extrem unsicher fühle. Intern kursiere auch schon die KPMG Übersetzung „Kinder prüfen meine Gesellschaft". Ein McKinsey Berater bestätigte mir vertraulich eigene „Jugend forscht"-Programme. Für meinen Werdegang hatte ich einen solchen fundamentlosen Hintergrund schon im Studium ausgeschlossen. Allein bei der Überlegung, in einem Vorstandszimmer eine Präsentation vor 15 hochrangigen Leuten halten zu müssen, trieb mir als Studi trotz Lehre und trotz Bundeswehr schon die Schweißperlen auf die Stirn. Wie differenzieren diese „Associates" Rat von raten? Woher soll das Wissen des Marketingalltags kommen?

Natürlich gibt es auch den umgekehrten Fall. 18-Jährige können manchmal ganz schön „senior" sein, wenn sie sich in der Regel besser mit TikTok als 60-Jährige auskennen, Frauen besser mit „Damenprodukten" als Männer.

Mein Motto bei der Projektbesetzung: Der Fit und Mix macht's.

Meine Erfahrung: Einige Menschen sind Investitionen. Andere Hypotheken … Mal sind es die Jüngeren, mal die Älteren, mal die Männer, mal die Frauen.

Hellhörig sollten Sie werden, wenn jemand übermäßig selbstbewusst ist, ein Hang zur Arroganz besteht und sie viele Worthülsen entdecken. Hinterfragen Sie, woher dieses Selbstbewusstsein kommt. Wie bekannt und vielfach erlebt, ist diese Heißluft Teil einer aus der Dialektik bekannten Strategie, um von Defiziten frech, aber auch nicht ganz ungeschickt, abzulenken.

Exkurs: Bei den „Schwadronierern“ und ahnungslosen „Lautsprechern“ fühle ich mich schmerzhaft an floskelfreudige Politiker und deren Qualifikationslücken erinnert. Zu den Ursachen des „Viel reden, wenig sagen“ kommen mir sechs Auffälligkeiten und Bewertungen in das Oberstübchen, die alle zu Risiken für die Marken führen:

1. Zu viele Parlamentarier haben ihr ganzes Leben in Berufspolitikerkarrieren und Plenarsälen theoretisiert und dabei den Auftrag als Volksvertreter samt Bodenhaftung aus den Augen verloren.

2. Statt eine „erdende“ Lehre oder ein Studium anzutreten, traten zu viele Politiker der Fraktion „Ganz schön viel Meinung für so wenig Ahnung“ bei.

3. Sollte eine Lehre oder ein Studium angetreten worden sein, kam es trotz Titel- und Noteninflation zu einer hohen Anzahl von Abbrüchen. Erstaunlich auch die Vielzahl von abgehobenen Studienfächern wie Philosophie. Theaterwissenschaften dagegen ist für die Dramatik des Plenarsaals,

das Story Telling der Talk Shows und den Aschermittwoch vielleicht gar nicht so verkehrt.

4. Zu wenige Volksvertreter (wirklich?) sind Mathematiker, Ingenieure, Naturwissenschaftler, Ökonomen und Unternehmer.

5. Zu wenige Parlamentarier haben ein privatwirtschaftliches Unternehmen intensiv von innen kennengelernt.

6. Zu viele Minister kommen aufgrund von Proporz und Quote in Ämter und an „Töpfe", in die sie als Fachfremde mit fehlender Kompetenz auf dem außerpolitischen Arbeitsmarkt nie gelangt wären.

In der Konsequenz entstehen technologieferne, realitätsfremde und wirtschaftlich unsinnige, freiheitsbeschränkende Ein- und Übergriffe, die für Marken riskant sind.

Um diese Angriffe abzuwehren, sollten wir uns mit Ideen und Argumenten ausstaffieren, starke Interessenvertreter wie Marketing- und Markenverband (inkl. OWM), GWA, GPRA unterstützen und besonders hohe Anforderungen an die fachgerechte Qualifikation unserer Marketing-Mitarbeiter und Dienstleister stellen.

Schwenk zurück: Zum Schutz gehört eine gesunde Skepsis und ggf. das Meiden von „Überfliegern" der Beratungsbranche. Viele lautstarke und sich selbstüberschätzende Senkrechtstarter weisen Parallelen zu den genannten Politikern auf: Sie gleichen Sternschnuppen und verglühen schnell.

Der entbehrungs- aber auch belohnungsreiche Werdegang „Praktikant – Lehrling – Geselle – Meister" hat sich seit Jahrtausenden überall bewährt. Bei plötzlichen Emporkömmlingen fehlt das solide Fundament mit fachlichen und persönlichen Lektionen.

Einerseits mangelt es regelmäßig an Liebe zu und Respekt vor dem lebenslangen Lernen. Andererseits vermisse ich das Durchhalten, wenn der Sturm bläst. Allzu oft werden die zufälligen „Ein-Hit-Wunder" wie Eintagsfliegen vom Winde verweht. Nach meiner Erfahrung gibt es zum Aufstieg in die Champions League des Wissens und Könnens keine Abkürzung. Diese Einsicht teilt auch Jacoby als Erfinder legendärer Mercedes-Kommunikationskampagnen: „Sie können vieles im Leben kaufen – nur keine großen Bäume ... Die müssen wachsen."

Zu den Resulting-Alternativen G-H (ersten beiden Spalten, letzte Zeile):

Die Kombination von Berater- *und* Interim Managertätigkeit ist grundsätzlich zu empfehlen, da sie alle vier Phasen des Marken-Risiko-Managements (M.R.M.) abdecken kann. Also sowohl die empfehlenden Funktionen Analyse und Konzeption als auch die Realisierungsfunktionen Implementierung und Controlling. „Resulter" legen weniger wert auf Besserwissen als auf bessere Ergebnisse. Sie sind ins Gelingen verliebt. So haben die Resulter den Vorteil, dass sie bei der Hirnarbeit der Analyse und Konzeption gezwungen sind, dass die Denkergüsse später auch mit den Mitarbeitern realisierbar sind und dem rauen Wind im „Operationssaal" des Tagesgeschehens standhalten.

Bei der Auswahl dieser Zeitgenossen sollten Sie auf drei Kriterien achten:

A. Eine solide Beraterausbildung und erfolgreiche Consultingtätigkeit sollte nachvollziehbar sein.

B. Beratung von Interim Managern sollte nicht aus Opportunitätsgründen „nebenbei mitgenommen“ werden und dadurch „unterbelichtet“ sein. Nicht alle, die sich Consultant nennen, erfüllen die nötigen Qualitätskriterien (z.B. einschlägige Qualifikationen an Hochschulen, Vielzahl erfolgreich abgeschlossener Beratungsmandate).

C. Kaufen Sie so viel Know- und Do-How wie möglich ein und seien Sie bereit, dies adäquat zu honorieren.

Zu der Resulting-Alternative I (rechts unten):

Das Gegenstück zum Senkrechtstarter sind langjährige Fachleute mit ausgeprägter Routine und kontinuierlicher Weiterbildung. Im Idealfall einerseits als Berater (Know-How) und Interim Manager (Do-How), andererseits in allen Perspektiven des Marketings. Zu letzteren gehören die Blickwinkel und realen Arbeitsplatzerfahrungen sowohl als Markeninhaber als auch auf Berater- sowie Marktforschungsseite.

„Kampfkunst“ entsteht durch viel praktische Erfahrung samt ständiger Erneuerung. Diese muss durch ein Marken-Risiko-Management-System (M.R.M.) mit einem robusten und geprüften „Fahrwerk“ unterlegt werden. Umfangreiche Wissens- und Tatensammlungen fallen fairerweise nicht vom Himmel, sind rar, haben einen Preis und – insbesondere – einen Wert. Sparen Sie nicht am falschen Ende. „Wer mit Peanuts bezahlt, muss mit Affen rechnen“ (Michael).

Was halten Sie von folgendem Persönlichkeits- und Fachprofil mit Wertsteigerung?

Ein angehender Freiberufler schwitzte als Soldat (Panzergrenadier, Obergefreiter), im Vertrieb (Mercedes), als anpackender

Verkaufspraktikant (Mars/Effem), fleißiger Marketingstudent (Lehrmeister Dichtl, Pepels, Bruhn), in der Agentur sowie Marktforschung (Rieger Team) und im Markenmanagement (3M). Ergänzt und geschliffen durch Jahrzehnte willens- und disziplinschulendem Leistungssport.

Erst mit dieser 360 Grad-Marketingperspektive und solider „Straßentauglichkeit" sollte die Reise als fachlicher und persönlicher Rat- und Taktgeber starten. Nur mit diesem sorgsam gefülltem „Koffer" fühlte er sich auf die konsultativ-interimistische und raue Wirklichkeit verantwortungsvoll vorbereitet:

- Erst jetzt konnten Fragen kompetent und integer beantworten werden (meistens).
- Erst jetzt wusste er, was er sagte und was er tat (in der Regel).
- Erst jetzt war klar, was er wusste und was nicht (häufig).
- Erst jetzt wurde Rat und keine Schläge verteilt (mehrheitlich).
- Erst jetzt hatten Empfehlungen Kopf, Herz und Hand (überwiegend).

Das Risiko des Scheiterns war reduziert, Zufriedenheit und Erfolg der Mandanten wahrscheinlicher.

Warnhinweis: Selbstredend und in großer Demut sind auch die Besten Ihres Faches (siehe TOP INTERIM MANAGER – Beilage im Manager Magazin 10/21 (yumpu.com) und Capital.de 10/22) keine Superhelden, können nicht zaubern und sind nicht fehlerlos. Jene Magier finden Sie nur im Zirkus.

Lichtblick zur prozessualen Vorgehensweise

„1,3 kg Gehirnschmalz bewirken mehr als 1.000 kg Löschwasser“.

Die Methodik eines professionellen Marken-Risiko-Managements (M.R.M.) besteht aus einem systematischen Prozess mit den vier aufeinander aufbauenden Phasen Analyse, Konzeption, Implementierung und Controlling. Für den individuellen Einsatz kann der Ansatz flexibel branchen-, unternehmens- und situationsspezifisch maßgeschneidert werden.

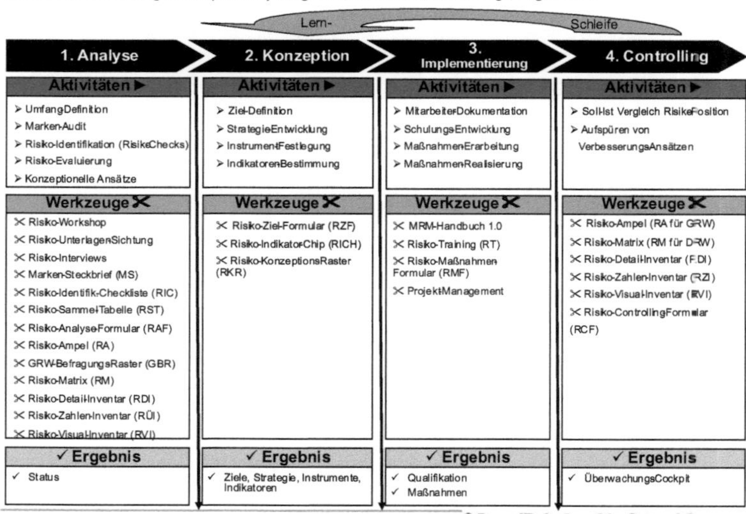

Abbildung: Prozess des Marken-Risiko-Managements mit Lernschleife

In jeder dieser Phasen erfolgen Aktivitäten mit Hilfe ökonomischer (intelligent, nicht härter) und vom Verfasser entwickelter und erprobter Werkzeuge.

Im Mittelpunkt des integrativen und praxisorientierten Ansatzes stehen die vier Bausteine Konzeption, Organisation, System und Kultur (K.O.S.K.). Diese sind von essenzieller Bedeutung.

Marken-Risiko-Management-Baukasten

Erfolgreiches Marken-Risiko-Management benötigt die Definition und Implementierung von vier Bausteinen (K.O.S.K.).

Marken-Risiko-Management-Baukasten (M.R.M.B.)

1. K onzeption
- 1.1 Ziele
- 1.2 Strategien
- 1.3 Instrumente

2. O rganisation
- 2.1 Aufbauorga
- 2.2 Ablauforga

3. S ystem
- 3.1 IT
- 3.2 Personalauswahl und –entwicklung
- 3.3 Controlling

4. K ultur

- Bausteine -

BrandRelationship Consulting

Abbildung: Baukasten

Lichtblick 18: Die ganzheitliche und gleichzeitige Perspektive vermeidet eine isolierte Betrachtung einzelner Dimensionen. Entsprechend kann den in der Praxis so häufig vorkommenden Inselproblemen und abgekapseltem Scheuklappen-Autismus vorgebeugt werden.

Alternativ ist diese Methodik modular anwendbar: Jeder der Bausteine kann getrennt und zeitlich versetzt bearbeitet werden. So können bei begrenzten Ressourcen Prioritäten gesetzt werden.

Rückblick (Executive Summary)

1. Überblick, Ziel, Vorgehen

Ein ausbalancierter und aktiver Umgang mit Gefahren folgt der Ratio. Ziel ist es, die Störanfälligkeit des Marken-Prozesses zu reduzieren und Krisen zu verhindern. Parallel sollen möglichst frühzeitig Schwelbrände aufgespürt werden, um rechtzeitig „löschen" zu können und zusätzliche Schäden zu vermeiden. Die Methodenskizze eines Marken-Risiko-Management (M.R.M.) ist eine vorbeugende Methode in vier Schritten. Für den individuellen Einsatz kann der Ansatz flexibel branchen-, unternehmens- und situationsspezifisch angepasst werden. Bei jedem Schritt erfolgen Aktivitäten mit bewährter Werkzeuge. Basis und „Löschmittel" des praxisorientierten Ansatzes bilden die Module Konzeption, Organisation, System und Kultur (K.O.S.K.).

2. Herausforderungen

Der erste Schritt fällt uns oft besonders schwer. Seneca begriff die Ursache: „Nicht weil es schwer ist, wagen wir es nicht, sondern weil wir es nicht wagen, ist es schwer."

3. Gegenspieler

Meiden Sie bei der Einführung eines Systems die Fehlervermeider. Schäfer nennt sie „Enten": „Sie quaken, statt Ergebnisse zu erzielen." Distanzieren Sie sich von Neinsagern: Die haben ein Problem für jede Lösung. Lassen Sie sich nicht von Zweiflern abhalten: „Sieger zweifeln nicht, Zweifler siegen nicht."

4. Macher

Engagieren Sie A-Mitarbeiter, die anpacken und Probleme begrüßen. Überflieger suchen Lösungen wie ein Trüffelschwein.

5. Loslegen

Ist der erste Schritt getan, ist Ihr Momentum nicht mehr aufzuhalten: „Den Laufenden schiebt sich der Weg unter die Füße."

Ausblick

Dienste

Ihr Spielfeld für meinen Einsatz:
An welcher Stelle, in welcher Phase, bei welchem Thema benötigen Sie einen Extraschub?

Interim-Marketing-Manager Tableau									
Variante (Perspektive)	Option 1	Option 2	Option 3	Option 4	Option 5	Option 6	Option 7	Option 8	Option 9
○ 1. *Hierarchie*	❑ GF	❑ Leiter Bereich	❑ Leiter Abteilung	❑ Gruppen-leitung	❑ Projekt-leitung	❑ Projekt-experte			
○ 2. *Phase*	❑ Analyse	❑ Kon-zeption	❑ Umsetzung	❑ Kontrolle	❑ Mixtur				
○ 3. Thema (Module)	❑ Marke	❑ CRM	❑ Produkt	❑ Preis	❑ Vertrieb	❑ Komm-unikation	❑ Kultur	❑ Organi-sation	❑ Systeme

BrandRelationship Consulting

Abbildung: Dienste als Interim Marketing Manager

1 Wenn Sie überlegen, wo man schnell vorsorglich und entlastend angreifen sollte, gibt es in der Grafik auf der vorherigen Seite einige Brandherdideen.

2 Sie möchten Marketing-Wissen aufbauen und aktualisieren? Hungrig nach frischen Impulsen? Nachfolgend gibt es löschendes Denkfutter:

Dienste

Ihre Wahl für ein maßgeschneidertes Seminar: Konfiguration nach Ihren Wünschen.

Trainer Tableau: Mehr Wissen									
Variante (Perspektive)	Option1	Option2	Option3	Option4	Option5	Option6	Option7	Option8	Option9
❍ 1. *Zielgruppe*	❑ Studierende	❑ Trainees	❑ Training on the job	❑ Sachbearbeiter	❑ Middle Manager	❑ Top Manager	❑ Mix		
❍ 2. *Ort*	❑ Ausbilder-räume	❑ Inhouse	❑ Externe Schulungs-räume						
❍ 3. Thema (-Module)	❑ 3.1 (Internationales) Marketing	❑ 3.2 Marke	❑ 3.3 CRM	❑ 3.4 Produkt	❑ 3.5 Preis	❑ 3.6 Vertrieb	❑ 3.7 Kommunikation	❑ 3.8 Kultur, Orga, Systeme, Controlling	❑ 3.9 Branchen-Unternehmens-Marketing
❍ 4. Zeit	❑ Tag	❑ Abend	❑ Wochenende	❑ Woche	❑ Semester				
❍ 5. Methode	❑ Vorlesung	❑ Seminar	❑ Moderation	❑ Werkstatt	❑ E-Learning	❑ Fernlehrgang	❑ Mix		
❍ 6. Sprache	❑ Deutsch	❑ Englisch							

BrandRelationship Consulting

Abbildung: Dienste als Trainer

Analyse Marken-Risiko-Management (A.M.R.M.)

Einblick

Was haben Pandemie, Klimakrise und Ukrainekrieg gemeinsam? Alle drei Risiken wurden vollständig unterschätzt und schaden existenziell. Damit *Ihr* Marken-Vermögen nicht Feuer fängt, sollten wir die Risiken *Ihrer* Brand lückenlos aufdecken.

Im Analyse Abschnitt erfahren Sie,

- wieso sich Marken-Intuition erst nach 10.000 Stunden entfaltet,
- warum ein Rundumblick ohne toten Winkel die Augen öffnet,
- wie Sie Naivität umgehen können,
- warum Ausfallschritte Sie nach vorne bringen,
- welche fünf Teilprojekte und 13 Werkzeuge für Transparenz sorgen,
- warum Klugheit scheitern lässt,
- wieso es zur Qualität leider keine Abkürzung gibt.

„Der Krimi, den das (Marketing-) Leben schrieb" (Klare Sicht bzw. Folge 4):

Nach sehr aufwändiger Analyse mit tiefgründiger Recherche stellte sich heraus, dass unser Mandant Opfer eines Wettbewerbers geworden war. Dieser hatte zwecks Rufschädigung der Mandantenmarken mehrere Wissenschaftler bestochen, um manipulierte Studien zu erstellen, die fälschlicherweise behaupteten, im Zusammenhang mit der Einnahme des Medikamentes angebliche Todesfälle zu dokumentieren. Diese Studien wurden auf Kongressen der Fachöffentlichkeit präsentiert, um sowohl die Unternehmens- als auch die Produkt-Marke zu diskreditieren. Im Rahmen dieser „Schmutzkampagne" wurden Journalisten informiert, die daraus diverse Medienbeiträge produzierten.

Auch nach der Vorlage recht eindeutiger Hinweise und einer plausiblen Präsentation der Zusammenhänge und des gegnerischen Netzwerkes wollte die Marketingdirektorin Lena C. das Geschehen eigentlich nicht wahrhaben (NIMBY – not in my backyard Phänomen). Vielleicht lag es auch daran, dass sie durch die privaten Probleme mit ihrer Tochter keinen klaren Kopf hatte. Zumal auch noch die Schuldirektorin mit ihr ein Gespräch eingefordert hatte. Nicht zu vergessen diese Zicke von der 3., die ihr die Beförderung abjagen wollte und irgendwie außergewöhnlich gut drauf war. Freute die sich etwa über den trouble mit ihrer Marke?

Lena C. hatte sich so einen Angriff auf die Unternehmens- und Produkt-Marken „in den schrecklichsten Träumen nicht vorstellen können". Das Phänomen des „schwarzen Schwans" war in keinem Szenario aufgetaucht. Ein Landesgeschäftsführer gestand, dass er das Eigenheim darauf verwettet hätte, dass „die Konkurrenz so etwas nie machen würde". Nachdem alle erst mal tief durchatmen mussten und der erste Schock halbwegs verdaut war, wurde klar, mit welcher kriminellen Professionalität die Gegen-

seite die Marken-Reputation ruinieren wollte. Ein Vorstand kommentierte „mit denen ist wohl nicht zu spaßen."

„Ohne schonungslose Analyse, keinen Gedanken an einen Sieg" (vgl. General von Clausewitz).

Haben Sie alle Risiken im Blick?

Um alle blinden Marken-Flecken offenzulegen, ist eine profunde Bestandsaufnahme essenziell. Wer dabei nur „quick and dirty" an der Oberfläche kratzt, sollte es lieber gleich lassen. Das Leben beweist immer wieder: „Ohne Schweiß, kein Preis!" Ein kritischer Spiegelblick und Tiefenbohrung führen einerseits zu besserer Erkenntnis. Andererseits wird ein „Elfmeter" für eine clevere und zwingende Konzeption produziert. Dazu sind fünf Analyse-Aktivitäten zu erledigen und die Risiken mit dreizehn vom Verfasser entwickelten Werkzeugen ans Licht zu bringen.

Aktivitäten:

- Umfang-Definition,
- Marken-Audit,
- Risiko-Identifikation (Risiko-Checks),
- Risiko-Evaluierung,
- Konzeptionelle Ansätze.

Werkzeuge:

- Risiko-Workshop,
- Risiko-Unterlagensichtung,

- Risiko-Interviews,
- Marken-Steckbrief (MS),
- Risiko-Identifikations-Checkliste (RIC),
- Risiko-Sammel-Tabelle (RST),
- Risiko-Analyse-Formular (RAF),
- Risiko-Ampel (RA),
- GRW-Befragungs-Raster (GBR),
- Risiko-Matrix (RM),
- Risiko-Detail-Inventar (RDI),
- Risiko-Zahlen-Inventar (RZI),
- Risiko-Visual-Inventar (RVI).

Umfang-Definition

Zunächst ist der Umfang der zu untersuchenden Bausteine und Teilbausteine festzulegen. Diese Definition erfolgt zwischen Auftraggeber und Auftragnehmer. Sie ist dreifach abhängig von Budget, Sicherheitsbedürfnis und Risiko. Je größer dieses Trio, desto umfangreicher die Analyse.

Marken-Audit

Anschließend ist ein Marken-Audit zu den Themen Identität, Architektur und Kennzahlen durchzuführen. Die entsprechenden Ergebnisse werden in einem Marken-Steckbrief deskriptiv festgehalten. Dieses „Porträt“ dient im Folgenden als „Spiegelbild“ und Maßstab für die Beschreibung und Bewertung der Risiken.

Risiko-Identifikation

„Man sieht oft etwas hundert Mal, tausend Mal, ehe man es zum ersten Mal wirklich sieht“ (Morgenstern).

Die nächste Aufgabe besteht in der Beleuchtung der Risiken.

Wer sie ignoriert, muss mit Nachwuchs rechnen … Risiken sind schon halb eliminiert, wenn die Wahrnehmung steigt und wenn sie eindeutig adressiert werden. Dazu bedarf es einer gesunden Offenheit (Erwarten Sie das Unerwartete [Schwarzer Schwan]), großer Neugierde und einer ausreichenden Distanz zu Markt, Unternehmen, Abteilungen, Mitarbeitern und Methoden.

Hier türmen sich drei Stolpersteine auf und bringen ins Straucheln und Scheitern:

- Stolperstein 1: Der Abstand geht meist mit der Zeit verloren.
- Stolperstein 2: Intern werden häufig – wenn überhaupt – nur die Fragen gestellt, auf welche die Antworten schon feststehen.
- Stolperstein 3: Totschlagargument „Das haben wir schon immer so gemacht.“

Zur Sensibilisierung und Umgehung einige Beobachtungen und Schlussfolgerungen.

Zu Stolperstein 1 (Verlorene Distanz) und 2 (Keine oder falsche Fragen):

Bestimmt können Sie das bekannte Phänomen bestätigen, dass sich unsere Gedanken nach einer gewissen Dauer immer mehr verengen. Oft dreht sich der Gehirnwind überwiegend um die eigene Branche und bleibt im engen Firmenkosmos stecken. Bestehendes wird nicht mehr in Frage gestellt. Das ist zwar kurzfristig bequem, aber mittelfristig gefährlich. Corssen legt die Risiken einer Filterblase offen: „Die meisten Menschen sammeln nur Informationen, um ihre eigene Wahrheit zu bestätigen."

Anderes und Andere spielen dann weniger oder keine Rolle mehr. Der Blick für das große Ganze geht verloren. Man sieht den Wald (und die Risiken ...) vor lauter Bäumen nicht mehr. Oder wie ich bei einem Mandat in Japan gelernt habe: „Der Frosch im Brunnen weiß nichts vom großen Ozean". Im deutschsprachigen Raum nennen wir dieses nachteilige Phänomen Branchen- und Betriebsblindheit. Mit den Filterblasen und Polarisierungen der sozialen Medien hat sich die eingeschränkte Wahrnehmung noch verstärkt. Tendenz steigend.

Sehr viele Unternehmen betreiben Inzucht. Wozu das medizinisch führt, wissen Sie ... Betriebswirtschaftlich sind die Folgen ähnlich: Wir kreisen im Dauerkarussell um den eigenen Kirchturm.

„Wenn Du feststellst, dass Du nur noch an Dich denkst, wird es dringend Zeit, Deinen Standpunkt zu überprüfen" (unbekannter Verfasser).

Kenner des Personalmarktes können uns das Turmkreisen an Tausenden Beispielen beweisen. Dazu Kreuz mit seiner Initiative „Rebels at work": „Das Blöken der Schafsherde wird in vielen

Unternehmen als Teamgeist gefeiert … und Anpassung … der Beförderungsturbo."

Meist wird der Konformist und Uniformist mit Branchenkenntnis und Gleichschritt präferiert. Kein Wunder, dass beide Rollen auf „Mist" … enden. Aus psychologischer Sicht ist das verständlich. Weise ist es allerdings nicht.

Der Bedarf an einer Lösung jenseits des Tunnelblicks ist offensichtlich. Zur Horizonterweiterung empfiehlt Förster „Von jemandem, der genau so denkt wie Du, kannst du nichts lernen Wer seinen Geist öffnen will, muss seine Türen öffnen."

Zu Stolperstein 3 (Totschlagargument):

„Das haben wir schon immer so gemacht".

Ein ähnliches Kirchturm-, bzw. Inzuchtproblem gibt es bei der beschränkten und immer identischen Methodenwahl. Diese führt logischerweise zu Sicht- und Denkblockaden, die Fortschritt hemmen. Der geniale Einstein dazu „Die Definition von Wahnsinn: Das Gleiche immer und immer wieder tun und ein anderes Ergebnis erwarten."

Wie soll da Transparenz entstehen? Woher sollen zur Lösung Ideen für außergewöhnlich Gutes kommen?

Maslow erkannte kritisch „Wenn das einzige Werkzeug ein Hammer ist, dann beginnst Du alles unter dem Gesichtspunkt von Nägeln zu sehen."

„Outside the box Denken" in den Anforderungen von Stellenanzeigen und Dienstleisterausschreibungen bleibt dann allerdings ein frommer Wunsch und ist weder Papier noch Bytes wert.

Kein Wunder, dass die Nordamerikaner ohne diese Engstirnigkeit dem D-A-CH-Raum weit voraus sind. Der unverstellte und frische Blick von außen wird dort wesentlich mehr geschätzt. Nicht nur meine amerikanischen Verwandten und Arbeitgeber wie 3M, Grey und BBDO bestätigen dies immer wieder und wissen um die Vorteile frischen Windes.

Externe Perspektive und Vorteile

Warnhinweis: Nach ähnlichen Bemerkungen im Vorfeld ahnen Sie es bestimmt schon. Auch bei diesem Thema bin ich nicht ganz unabhängig. Dennoch möchte ich Ihnen meine folgenden Überlegungen nicht vorenthalten. Sie müssen sie nicht teilen, kennen reicht schon. Wenn meine Logik einen guten Tag hat, sind die Vorteile auch überzeugend.

„Wahrheit gibt es nur zu zweien" (Marken-Claim der Medienmarke The Pioneer).

Zur augenöffnenden Wahrnehmung schlage ich einen externen „Leuchtturm-Blick" mit drei Vorteilen vor.

Vorteil 1: Im besten Fall sind versierte Freiberufler wie ein Schmetterling und haben in ihrem Habitat (z.B. Marketing) Lektionen (hard skills und soft skills) von sehr vielen Branchen und sehr unterschiedlichen Unternehmen, Herausforderungen und Menschen aufgesaugt.

Mir ist da ein „bunter" Fall mit Know-Do-How aus 30 farbenfrohen Branchen, 40 Unternehmen und 63 sehr diversen Analysemandaten bekannt.

Mit solchen „Helikopterflügen" erweitern sich in der Regel Freigeist, Vorwärtsdenken, menschliches Einfühlungsvermögen und der Wille zum Umparken (Erinnern Sie sich noch an die Kommunikationskampagne von Opel?). Abstand und Projektreisen bilden … Je mehr, desto besser. Sozusagen Benchmarking und vor allem Benchbreaking in der Dauerschleife. Wie wäre es mit flexibler Vielfalt statt starrer Einfalt?

Dieser fachliche und menschliche Reifeprozess trainiert, sich flexibel und schnell aus allen Perspektiven mit Ihrem Unternehmen, Ihren Marketingmitarbeitern und Ihren Dienstleistern auseinanderzusetzen. Im Idealfall ist dies ein lernwilliger 360 Grad-Blick. Ohne toten Winkel. Ohne Zerrspiegel.

Die vielfältige Betrachtungsweise ergibt sich aus einem Blumenstrauß an Blickachsen und Zusammenarbeit im Marketing-Universum: Agentur, Beratung, Industrie, Interim Management, Marktforschung, Training; diverse Menschen (Alter, Geschlecht, Ausbildung). So kann man sich empathisch in viele Situationen, Interessen und Präferenzen hineinversetzen.

„Zur Einsicht in den geringsten Teil ist die Übersicht über das Ganze nötig“ (v. Goethe).

Außerdem behält man so den Überblick über ein immer ausdifferenzierteres Marketing. Dessen übertriebene Spezialisierung führt zu blinder Fachidiotie und Personaldefizit. Da alle jahrzehntelang nach immer mehr Spezialisten gerufen haben, gibt es mittlerweile einen Mangel an Allroundern. Leider lassen sich komplizierte und interdependente Stapelkrisen nicht mit fragmentierter Kästchenperspektive verhindern oder lösen. Generalisten mit dem Blick für das übergeordnete Ziel einer marken- und kundenwertorientierten Unternehmensführung sind rar und dringend nötig.

Der Verfasser ist selbst schon oft unter die Lupe genommen worden. Auch das erweitert den Marketinghorizont, da man als Risiko-Auditor auch die Perspektive des Geprüften einsehen kann (Zertifizierung Fernlehrgang, Berater-Listung durch Wirtschaftsministerium).

Vorteil 2: Neutrale externe Experten (TOP INTERIM MANAGER – Beilage im Manager Magazin 10/21, yumpu.com) werden mit Röntgenblick schonungslos analysieren.

„Es ist besser, von der Wahrheit geohrfeigt zu werden, als von der Lüge geküsst“ (russisches Sprichwort).

Fachleute haben zwar nicht alle Antworten, stellen aber erhellende Fragen. Ross und Reiter dürfen genannt und heiße Eisen können ohne Angst um Arbeitsplatz und Dienstwagen angefasst werden.

Vorteil 3: Externe Marketingprofis bringen umfangreiche Berufs-, Themen- und Methodenexpertise mit und gewährleisten Erfahrung und Intuition.

„Was ein Mensch sät, wird er auch ernten“ (Bibel, Galater 6,7).

Die Ernte hat natürlich ihren Preis. Nichts ist umsonst. Natürlich gibt es Sackgassen, Misserfolge und Fehler. Wunden und Narben inklusive. Selbstverständlich muss auch der Verfasser für die Frucht der Erkenntnis schwitzen.

Demütig beuge ich mich der Erkenntnis des genialen Newton: „Was ich weiß, ist ein Tropfen, was wir nicht wissen, ist ein Ozean“. Sollte ich etwas nicht wissen, frage und empfehle ich andere Sachverständige.

Selbstredend muss ich mich auch heute täglich disziplinieren, um mich weiterzuentwickeln und mindestens dauerhaft auf der Höhe der Zeit zu bleiben. Dazu brauchen wir permanent und lebenslang Lehrmeister.

Meinem Diplom-Vater Werner Pepels bin ich besonders dankbar. Er hat mir nicht nur viele Chancen offengelegt, sondern mich auch vor manchen Risiken bewahrt.

Meine Verneigung gilt auch den Marketing-Weisen Manfred Bruhn und Heribert Meffert. Viel lernen durfte ich von den Marken-Gurus Bernd M. Michael und Klaus Brandmeyer (heißt wirklich so ...) Auch von Mandanten durfte ich profitieren. 127 Projekte entsprechen 127 Weiterbildungen. Vielleicht ist meine Referenzliste deshalb so lang.

Mein erster Führungscoach Nikolaus B. Enkelmann nannte dieses ständige Lernen den „Weg vom Lehrling zum Gesellen zum Meister." Mit beispielsweise lediglich zehn Jahren Marketingerfahrung fehlt meist die Intuition. Ein weitgehend verlässliches Bauchgefühl wird niemandem geschenkt. Zur Intuition gibt es keinen Fahrstuhl. Mangelndes Gespür kenne ich selbstkritisch aus eigenem Leid. Erst mit zehntausenden Stunden in einem Bereich (vgl. Gladwell, Neubauer) entwickeln wir den siebten Sinn. Nicht erst seit de Saint-Exupéry wissen wir „Man sieht nur mit dem Herzen gut. Das Wesentliche ist für die Augen unsichtbar." Die Entwicklung dieser sehr sensiblen Antennen dauert zwar sehr lange, kann aber von außen hinzugeholt werden.

Wieviel Blauäugigkeit wollen Sie sich leisten?

„Wer den Sumpf trockenlegen will, darf nicht die Frösche beauftragen“ (Twain).

Teuer wird es für die, die naiv und leichtgläubig sind. Jene, die glauben und hoffen, mit der eigenen Mannschaft volle und ehrliche Transparenz zaubern zu können.

Drei schlammige und tiefe Sümpfe sind zu erkennen und zu überwinden:

1. Sumpf „Brandstifter“: Bedenken Sie, dass der „Zündler“ häufig mitten unter Ihnen ist. Klar, dass dieser sich versteckt und Ihre Aufklärungsbemühungen sabotieren könnte.

2. Sumpf „Fehlereingeständnis“: Welcher Kollege gibt in deutschsprachigen Unternehmenskulturen eigene Fehler zu? Häufig ist es als Angestellter kostspielig, seine Meinung angesichts neuer Erkenntnisse zu ändern. Zu viele Mitarbeiter müssen damit rechnen, dass sich ihre Karriere in Luft auflöst. Bei der Suche nach Unternehmen mit gesunder Fehlerkultur wird die Luft dünner.

3. Sumpf „Verschlossenheit“: Unschuldige interne Hinweisgeber und Singvögel haben es extrem schwer. Wer adressiert die „Leichen im Keller“, verpfeift Chef und Kegelbruder, riskiert soziale Ächtung und Kündigung? Im Laufe des Lebens haben alle gelernt, dass dem Nestbeschmutzer nicht oder kaum geholfen wird und es klug sein kann, die Klappe zu halten.

„Das wird man wohl noch sagen dürfen!“ Wirklich?

Dass Offenheit und „Ausfallschritt“ für einen Angestellten sehr schwierig sein kann, wissen Sie bestimmt aus eigener Erfahrung. Auch der Verfasser musste die Frustration des Schweigens oder erzwungenen Jasagens lange ertragen. Nach ein paar Jahren beugt man sich häufig der Uniformität, reiht sich ein und marschiert im Gleichschritt. In dieser Rolle muss man sich oft gegen seinen Willen in die Gruppen einfügen, unterordnen, auf die Zunge beißen und sehr diplomatisch sein.

Kennen Sie den? In der Marketingabteilung ist ein schwerer Fehler passiert. Der Marketingleiter schimpft mit einer Brand-Managerin: „Sind nun Sie verrückt, oder bin ich es? Darauf die Mitarbeiterin: Aber Chef, ein Mann wie Sie wird doch keine verrückten Mitarbeiter einstellen!“

Auch die „Meetingitis“ macht die Trockenlegung der Sümpfe zu einer leidigen Schmutzarbeit. Bei dieser Seuche geht es nicht nur um eine übermäßige Anzahl von schlecht vor- und nachbereiteten Besprechungen in überzähliger, unmotivierter und unkonzentrierter Besetzung. Der Virus führt auch dazu, dass es viele Mitläufer gibt, die Kreide fressen und Abnicker, die Katzen ähneln: Sie laufen um den heißen Brei herum.

Den Kollegen „Fähnchen im Wind“ scheint es in jeder Firma zu geben. Thomas Freitag hat sie durchschaut: „Regenwürmer haben mehr Rückgrat.“ Die Häufigkeit der bequemen Weichspüler-Floskel „Ich bin ganz bei Ihnen“ dürfte weit höher sein als der tiefgründige Diskurs à la „Das sehe ich ganz anders.“

Ständige offizielle Einigkeit sollte misstrauisch machen. Förster und Kreuz beobachten dieses Phänomen ebenfalls und warnen vor Falschinterpretationen: „Verwechsle Kopfnicken nicht mit Zustimmung.“

Ähnliches gilt für die Stille. Manches Schweigen spricht Bände und ist ohrenbetäubend.

Die erkenntnissuchende Kontroverse ist für Widersprecher nicht einfacher geworden. Dazu trägt eine sich spaltende Gesellschaft mit zunehmender Debatten-Unkultur bei, die durch Hypersensibilität (Wokeness, Cancel Culture) und unter Druck geratene Meinungsfreiheit beeinflusst wird. Selbstdenker, die sich öffentlich äußern, geraten schnell ins Schussfeuer und in manchen Fäkaliensturm. Dissens ist unkomfortabel, Konsens ist bequem. Nach vielen Jahren im Betrieb ist die Gefahr der Fremdbestimmung und der Zwang zur Stromlinienförmigkeit groß.

Angesichts dieser Restriktionen ist der Freigeist dieser Zeilen sehr glücklich, nach 20 Jahren unternehmerischer Selbstbestimmung nicht durch die Sozialisierung der Gruppe abgeschliffen worden zu sein. Ecken und Kanten wurden verteidigt. Sie als Mandant dürfen sich daran reiben und von Denkanstößen profitieren.

Bedenken Sie: Nette Worte sind nicht immer wahr, wahre Worte sind nicht immer nett. Tacheles ist manchmal (sehr) unangenehm.

Meine egoistische, aber dennoch vollständig ehrliche Empfehlung: Verstärken Sie sich durch Menschen mit Rückgrat und Standpunkt. Klartexter werden Ihnen sagen, was Sie (vielleicht) nicht hören wollen, aber erfahren müssen.

Im Unterschied zum abhängigen Beschäftigten und Gehaltsempfänger werden den externen Überbringern schlechter Nachrichten auch „keine Rüben abgeschlagen". Manchen ist man ob ihrer befreienden und konstruktiven Worte sehr dankbar: insbesondere dann, wenn „der Fisch vom Kopf her stinkt."

Von Ignoranz und Beschönigung ist dringend abzuraten. „Eine Flasche im Keller ist wenig – eine im Vorstand ist viel und teuer!“ (unbekannte Quelle). Geht man einer Konfrontation aus dem Weg, ist es beim Risikoeintritt zu spät oder umso schmerzhafter.

Externe „unerschrockene und schmerzfreie Wachrüttler“ sind nicht genötigt, ein Blatt vor den Mund zu nehmen. Wenn doch, dann sind es Ruhmesblätter. Großartige und vorbildhafte Leistungen können kaum genug gelobt werden.

Die schonungslose Wahrheit kann allerdings schmerzhaft sein. Ganz wie in der Medizin. Da schmeckt ein wirkungsvolles Medikament häufig bitter. Zum Ausgleich können aber auch finstere Marken-Ecken ausgeleuchtet und Dunkelflauten und Blackouts vermieden werden.

Lichtblick zur Wertschätzung von Fehlern

Wer eine Risiko-Analyse durchführt, sucht und findet automatisch Marken-Defizite. Entscheidend ist, ob und wie wir den Fehler sowie Verursacher als hilfreichen Trittstein nutzen und uns von den Nachteilen verabschieden. Dabei durfte der Autor in seinen Marketing-Seminaren mit Chinesen und von Konfuzius lernen.

Lichtblick 19: Die meisten Asiaten haben im Vergleich zum westlichen Kulturraum ein sehr schlaues Verständnis. Sie erfinden das Rad nicht neu. Sie kopieren, ehren und lernen aus positiven und negativen Erfahrungen der Vorgänger und Zeitgenossen.

Meine persönliche Lektion: Vorbildhafte Führungskräfte suchen im Fehler nach einer Lektion und fahnden nach Vorteilhaftem. Sie *trennen* sich als Ent-Scheider von der Verurteilung. Wer einen Fehler macht, hat nicht versagt. Er hat eine Sackgasse gefunden, die künftig von anderen vermieden werden kann.

Clever sind wir, wenn wir Fehlermachende nicht verurteilen. Nicht wer Fehler macht, ist ein Verlierer. „Wenn Du dadurch etwas gelernt hast, dann war es kein Fehler!" (Bodo Schäfer). Verlierer ist man nur dann, wenn man faul und feige ist und nichts tut bzw. aufgibt. Schäfer ergänzt: „Manchmal musst Du verlieren, um zu siegen; leiden, um zu lernen; fallen, um zu wachsen."

Taumeln kann positiv interpretiert und wertgeschätzt werden. Wie zum Beispiel in der Volksweisheit „Erst wenn man stolpert, achtet man auf den Weg". Auch von der sprichwörtlichen Bauernschläue versuche ich mir für das (Marketing-) Leben einiges abzuschauen. So lernte ich, dass die Landwirte als klug gelten, die aus dem Mist von gestern, den Dünger von morgen machen. Vermutlich tut das nicht nur unserem Klima gut.

Schlau sind wir, wenn wir die Schuldfrage hinten anstellen, das Positive suchen und ans Licht bringen. Mein erster Persönlichkeitscoach Nikolaus B. Enkelmann (Träger des Bundesverdienstkreuzes) lehrte mich, dass alles, was wir beachten, unsere Aufmerksamkeit lenkt. Im Negativen wie im Positiven. Schuldzuweisungen sind negative Energie. Sie geben Umständen und Menschen Macht über unsere Gefühle. So wären wir als Opfer der Vergangenheit gefesselt. Wollen wir diese Fremdbestimmung zulassen?

Stattdessen sollten wir als Herrscher über unsere Emotionen Unveränderliches akzeptieren, loslassen und als Täter alle Kräfte auf Lösungen konzentrieren. Die weise Losung meiner amerikanischen Ex-Kollegen: „Accept, leave or change".

Klar ist allerdings auch, dass wir alte Fehler bereuen und kein zweites Mal machen sollten. „Wer nichts bereut, hat nichts gelernt“ (Guldner, WirtschaftsWoche 13/2022, S. 93). Denn nur so entdecken wir, was wir zukünftig prophylaktisch ändern können. Das gesundheitsfördernde Motto: „Preha vor Reha“.

Gesund ist es zudem, wenn wir auch mal über unsere eigenen Schwächen und Fehler lachen können. „Shit happens: Mal bist Du die Taube, mal das Denkmal“ (Hirschhausen).

Tipps, um Fallen zu umgehen

Sind Sie trittfest und angeleint?

Unbekannte und schneebedeckte „Gletscherspalten“ begegneten mir in Dutzenden Analyse-Mandaten. Hier ein Blitzlicht auf drei Fallen, die viel Geld, Zeit und Nerven kosten. Ersparen Sie sich mit Hilfe meiner Tipps die Schmerzen. Es reicht, dass ich stürzte und mir blaue Knie bescherte.

7.1 Jäger- und Sammler-Falle

Sie besteht darin, dass wir

a. unsystematisch alles auf den Prüfstand stellen,

b. uns durch Perfektionismus „verzetteln“ und

c. zu intensiv analysieren.

In der digitalen Welt laufen wir so Gefahr, in der Informationsflut unterzugehen. „Wir ertrinken in Informationen und hungern nach Wissen“ (Naisbitt).

Lichtblick 20: Vermeiden Sie den Aufstieg zum Analyse-Riesen. Häufig folgt der Absturz als Umsetzungs-Zwerg. Die Agentur Jung von Matt warnte vor „Paralyse durch zu viel Analyse“. Eine Karriere des „Gescheit, gescheit*er*, gescheiter*t*!“ ist tragisch. Bei perfektionistischen Tiefenbohrungen machen Sie sich selbst fertig und werden nie fertig. So reißen Sie garantiert und wortwörtlich jede Deadline. Extreme sind schädlich, der Mittelweg „golden“.

7.2 „Schnell und schmutzig“-Falle

Natürlich gibt es das Gegenteil: zu wenig und zu oberflächlich zu untersuchen. Zur Analysequalität gibt es keine Beschleunigungsspur. Ist ja auch fair. „Qualität kommt von quälen.“

Lichtblick 21: Untersuchen Sie das, was Sie analysieren, ordentlich. Nicht mehr, aber eben auch nicht weniger. Sonst lassen Sie es und verschwenden keine wertvolle Lebenszeit.

7.3 Blinde Solidaritätsfalle

Meine Mandanten stürzen tief, wenn ein Mitarbeiter die Identifikation der Risiken übernehmen soll. Leider werden viele Kollegen mit der Zeit betriebsblind. Manchmal kommt dann auch noch Taubheit und Stummsein dazu. Ist ja auch verständlich. Genau wie der Absturz …

Über die Fehler der „Kameraden“ wird dann

a. aus menschlicher Verbundenheit,

b. aus übertriebenem Teamgedanken und

c. innenpolitischen Verstrickungen hinweggesehen. Manches überhört und verschwiegen. Teilweise sogar vertuscht.

Bei einem Marketingmandat für einen Konzern in Asien lernte ich passend dazu eine Konfuzius-Geschichte und das Bild der drei Affen Mizaru (nichts sehen), Kikazaru (nichts hören) und Iwazaru (nichts sagen) kennen. Meine Interpretation: Diese Krankheit gibt es nicht nur in der zurückhaltenden asiatischen Kultur, sondern weltweit.

Lichtblick 22: Seien Sie nicht naiv und setzen auf die befangenen Büronachbarn. Leider ist das in den Unternehmen (noch) eher die Regel als die Ausnahme.

Fachliche Lösung

Um nicht in die drei Fallen zu stolpern, hat der Verfasser zur systematischen Analyseerfassung ein Standardbündel von insgesamt sechzehn Checklisten mit achtzig Kriterien entwickelt. Diese basieren auf den bereits beschriebenen Bausteinen.

Die für den Mandanten tatsächlich eingesetzte Anzahl an Checklisten und Kriterien variiert und wird branchen-, unternehmens- und situationsspezifisch angepasst. Nachfolgende Abbildung zeigt Ihnen ein allgemeines Beispiel. Mir ist sehr bewusst, dass die Fälle zwar sehr vieles gemeinsam haben, Sie als Mandant und Ihre Marke aber letztlich einen besonderen Fall darstellen. Auf Ihren „Fingerabdruck“ muss mit individuellen Checklisten und maßgeschneiderten Kriterien eingegangen werden.

Qualitativer Vertriebs-Risiko-Check (Auszug)

Risiko-Identifikations-Checkliste (RIC): Vertrieb			
Risiko-Titel	**Risiko-Beschreibung**	**Leitfrage**	**Ist-Zustand**
Fehlende Marken-Vertriebs-Passung im allgemeinen	Mangelnde Übereinstimmung/Konformität	Inwieweit gibt es Lücken zwischen Marken-Identität und Vertriebs-Management ?	
Falsche Vertriebspartner	Beispiele: Schwache Beratung, minderwertige Ladenausstattung, Discountimage, fehlender Service, mangelnde Preisdisziplin, niedrige Marktabdeckung	Inwieweit erfüllen die Vertriebspartner das Anforderungsprofil der Marke ?	
Austauschbarkeit	Die Vertriebs-Bausteine (Konzeption, Organisation, System, Kontrolle) sind mehr oder weniger wie beim Wettbewerb und haben in der Wahrnehmung des Kunden keine relevante „Einzigartigkeit"	Inwieweit ist das eigene Vertriebssystem im Wettbewerbsvergleich identisch ?	
Mangelnde Durchsetzungskraft	Beispiel: Viele und bedeutende Einzelhandels-Ketten verringern die Macht des Vertriebsleiters und schränken seine Gestaltungs- und Kontrollmöglichkeiten ein.	Welchen Einfluß hat die Vertriebsleitung auf die eigene und fremde Vertriebsorganisation ?	
Unklare Vertriebskanaldefinition	Überschneidungen, Doppelarbeiten	Inwieweit ist bei der Nutzung mehrerer Vertriebskanäle klar definiert, welcher Vertriebskanal welche Funktionen für welche Kunden erfüllen soll ?	

BrandRelationship Consulting

Abbildung: Beispiel Risiko-Identifikations-Checkliste

Lichtblick zur Auslagerung

Wollen Sie das Rad neu erfinden und sich selbst was vormachen?

Lichtblick 23: Versierte Profis werden Ihnen nicht zu viele, wohl aber die richtigen Fragen stellen. Das spart Zeit und erhöht die spätere Umsetzungsgeschwindigkeit.

Lichtblick 24: Freiberufler werden ihrem Namen gerecht, weil sie unabhängig und neutral in der Aussprache von Lob und Tadel sein können.

So erinnert sich der Verfasser noch gut an eine Gutachterkommission, in der er sehr deutlich auf ein Qualitätsdefizit hinwies und dieses trotz ausgeprägtem Widerstand im Gutachten dokumentierte. Seitdem wurde ich von dieser Organisation nie wieder angefragt. Da war mein „Finger in der Wunde“ wohl doch nicht gewünscht und zu schmerzhaft. Leider wurde die „Pest“ nur unterdrückt und brach später umso schlimmer aus.

Keine Bange. Hier läutet gleich dreimal die Entwarnungsglocke:

a) Sollte die Wahl auf den Autor fallen, hat er situativ gelernt, diplomatisch zu sein, und passenderweise den Mund zu halten. Zudem bemühe ich mich um den richtigen Ton und – vor allem – um konstruktive Lösungsvorschläge.

b) Sollen Sie lediglich eine unspektakuläre Vakanz überbrücken oder ein 08/15-Projekt besetzen, reiht sich der Schreiberling lautlos in die Mannschaft ein. Inklusive Dresscode, Schulterschluss sowie pflichtgemäßem und reibungslosem Abarbeiten der Aufgabenliste. Der Reihe nach ohne Aufsehen. Entlastung statt Stress.

c) Sportler-Vita und Einsatz in Dutzenden Teams sind forderndes Trainingsrevier und spaßmachender Jungbrunnen. Die permanente Abwechslung übt, sich als „Springer“ immer wieder flexibel in neue Mannschaften mit verschiedenen Geschlechtern, Generationen und Charakteren einzufügen und gemeinsam „Pokale abzuräumen“.

Lichtblick 25: Exzellente Freiberufler (siehe Capital.de 09/22) betrachten Probleme nüchtern, distanziert und nach der „10:90-Wahrnehmung“:

Das Lebensglück (entspricht 100 %)

- ist 10 %, was passiert (also Gutes oder Schlechtes wie Risiko/Schaden)
- und 90 %, wie ich reagiere (also Freude oder Prävention).

Interpretation: Oft ist nicht das Problem (10 %) das Problem, sondern unsere Einstellung und Handlung dazu (90 %). Wenn wir dem Problem das „Quartier verweigern“ und uns von ihm lösen, sinkt der fremde Einfluss und steigt für den „Entfesselungskünstler“ der eigene Einfluss bzw. die Macht über die Reaktion. Erfolg und Glück wohnt also „zwischen den Ohren“.

Dies sei am Triathlon verdeutlicht. In über 30.000 Trainingsstunden und 179 Wettkämpfen hatte ich nicht nur wunderbare Höhen, sondern auch viele Probleme bzw. Risiken. Die Probleme wie z.B. Pannen, Verletzung, Kälte konnte ich nicht beeinflussen. Wohl aber hatte ich die Wahl bzw. Macht bzgl. meiner Einstellung und Handlung.

Option A: Wir starren auf das Problem und investieren unsere Energie in die Wut und unsere Opferrolle.

Option B: Wir lenken uns vom Negativen ab, fokussieren uns auf eine Lösung und investieren in Täterhandlungen wie z.B. Ersatzschlauch montieren, Physiotherapeut aufsuchen, warme Sachen anziehen.

Das Credo: Wenn Dir das Leben saure Zitronen gibt, mache süße Limonade daraus. Glück ist nicht davon abhängig, wie wenig oder wie viele Sorgen wir haben (10 %), sondern wie wir mit ihnen umgehen (90 %). Glück ist mit dieser Haltung kein Zufall, sondern unsere bewusste Entscheidung und Teil unseres Einflussbereiches.

Inhaltliche Risiko-Evaluierung

Mit der Identifizierung der Marken-Risiken ist Ihr Unternehmen einen wesentlichen Schritt weiter. So spricht nicht zuletzt der Volksmund von der „halben Miete“ und begreift „Gefahr erkannt, Gefahr gebannt“.

Allerdings ist eine verbale Beschreibung nicht ausreichend. Sie ist zu unscharf und muss durch Zahlen ergänzt werden.

Das nächste Teilprojekt besteht in der Quantifizierung der identifizierten Marken-Risiken. Alle Risiken werden je nach Stärke zunächst grob in fünf verschiedenen Risikogruppen (Bagatell-, geringes, mittleres, schwerwiegendes, bestandsgefährdendes Risiko) einsortiert.

Anschließend wird ein Grob-Risiko-Wert (G.R.W.) errechnet und über eine Risiko-Ampel (Farbbandbreite von grün bis rot) visualisiert.

Um Beliebigkeiten zu vermeiden und hilfreiche Anhaltspunkte für die Zuordnung zu besitzen, erfolgt die Gruppierung auf Basis einer zu entwickelnden Richtlinie.

Im nächsten Schritt werden quantifizierbare Risiken detaillierter anhand der Kriterien Schadenseintrittswahrscheinlichkeit und Schadenhöhe bewertet. Anschließend wird ein Detail-Risiko-Wert (DRW) berechnet. Zum Abschluss wird das Ergebnis über eine Risiko-Matrix visualisiert.

Personelle Risiko-Evaluierung

Die Bewertung sollte in objektiver Betrachtung durch externe Gutachter zusammen mit einem ausgewählten Kreis von Unternehmensvertretern erfolgen. Auf diese Weise wird die Vertrautheit mit der Methodik und eine gewisse Unabhängigkeit gesichert.

Zudem vermeiden Sie in dieser Konstellation das „Not-invented-here-Syndrom". Was das ist? Manche Menschen neigen bei externen Evaluationen zu Ablehnung und es fehlt an Akzeptanz. Wenn Sie eine willige und fähige Truppe von Kollegen mit einem externen Experten ergänzen, haben Sie ein Problem weniger. Die praktische Erfahrung mit Wandelprozessen zeigt, dass eine starke Identifikation mit den Ergebnissen sehr wichtig ist. Insbesondere in der Geschäftsführung und Marketingleitung.

Bleiben Akzeptanz und Identifikation aus, werden in den folgenden Phasen Konzeption, Implementierung und Controlling die Ergebnisse immer wieder in Frage gestellt. Schlimmer noch, es kommt zu kontraproduktiven Reibereien. In manchen Fällen kommt es zu Endlosschleifen, „Kriegen" zwischen Abteilungen und sogar zum frustrierten Abbruch des gesamten Projektes. Schade um all die Anstrengungen. Mit einem objektiven und vermittelnden Sachverständigen werden Bewertungen glaubwürdiger und Konflikte können neutral geschlichtet werden.

Trotz aller Bemühungen um eine möglichst große Objektivität durch eine systematische und sinnvolle Quantifizierung bleibt ein Rest an Subjektivität. Die Berechnung basiert auf persönlicher Erfahrung, Bauchgefühl und Faustregeln. Schließlich kann keiner genau in die Zukunft schauen. Dazu Ringelnatz: „Sicher ist, dass nichts sicher ist, selbst das nicht." Eine weitere Beschränkung besteht darin, dass Risiken individuell bewertet werden. Was für manche ein großes Risiko ist, ist für andere keins. Zumindest in der eingeschränkten Wahrnehmung. Dieser Limitation muss man sich bewusst sein und sie als Restrisiko deutlich adressieren.

Konzeptionelle Ansätze

Die letzte Aufgabe der Analyse besteht darin, anhand der Visualisierungen und Kennzahlen erste Ansätze für eine Konzeption abzuleiten.

Bei der Entwicklung der Ansätze gilt die Regel: Je höher der Grob- und Detail-Risiko-Wert, desto höher die Priorisierung. Diese Priorität gilt sowohl für die Beobachtung als auch die Ressourcenallokation (Zeit, Geld, Personal).

Das Entwickeln von gedanklichen Hebeln ist die wichtigste Aufgabe. Die mühevolle Analyse rechnet sich nur, wenn man anschließend weiß, in welche Richtung sich was verändern soll und wo angepackt werden muss. Leitender Gedanke ist das Effektivitäts-Gesetz „Die *richtigen* Dinge tun" (Bitte nicht mit Effizienz bzw. „Die Dinge richtig tun" verwechseln).

Rückblick (Executive Summary)

Haben Sie alle Risiken im Blick? Um alle blinden Marken-Flecken sichtbar zu machen, ist eine profunde Bestandsaufnahme essenziell. Fünf Analyseaktivitäten sind zu erledigen: Umfang-Definition, Marken-Audit, Risiko-Identifikation, Risiko-Evaluierung, Konzeptionsansatzpunkte. Dreizehn Werkzeuge bringen die Risiken ans Licht.

1. Stolpersteine

Risiken sind halb gelöst, wenn sie eindeutig adressiert werden. Dazu bedarf es stolperfreier bzw. gesunder Distanz zu Markt, Unternehmen, Abteilungen, Mitarbeitern und Methoden.

2. Umgehen der Blauäugigkeit

Wer glaubt, mit der eigenen Mannschaft eine volle und ehrliche Transparenz bekommen zu können, ist naiv. Drei tiefe Sümpfe sind zu überwinden:

a. Bedenken Sie, dass der „Brandstifter“ häufig mitten unter Ihnen ist.

b. Welcher Kollege gibt eigene Fehler zu? Zu viele Mitarbeiter müssen damit rechnen, dass sich ihre Karriere in Luft auflöst.

c. Unschuldige interne „Singvögel“ haben es extrem schwer. Wer adressiert „Leichen im Keller“, verpfeift den Chef und riskiert die Kündigung?

3. Wertschätzung von Fehlern

Nicht wer Fehler macht, ist ein Verlierer. Schäfer erkennt: „Wenn Du dadurch etwas gelernt hast, dann war es kein Fehler! Manchmal musst Du verlieren, um zu siegen; leiden, um zu lernen; fallen, um zu wachsen.“

4. Jäger- und Sammler-Falle

„Wir ertrinken in Informationen und hungern nach Wissen“. J. v. Matt warnte vor einer „Paralyse durch zu viel Analyse“ und vor dem „Gescheit, gescheiter, gescheitert!“.

5. Blinde Solidaritätsfalle

Leider sind die meisten Mitarbeiter nach jahrelanger Betriebszugehörigkeit „betriebsblind“ geworden. Fehler der Kollegen werden aus Verbundenheit, übertriebenem Teamgedanken und „innenpolitischen Verstrickungen“ verheimlicht.

6. Inhaltliche Risiko-Evaluierung

Alle Risiken werden je nach Stärke zunächst grob in fünf verschiedenen Risikogruppen (Bagatell-, geringes, mittleres, schwerwiegendes, bestandsgefährdendes Risiko) einsortiert. Anschließend wird ein Grob-Risiko-Wert (G.R.W.) errechnet und über eine Risiko-Ampel (Farbbandbreite von grün bis rot) visualisiert. Im nächsten Schritt werden quantifizierbare Risiken detaillierter anhand der Kriterien Schadens-Eintritts-Wahrscheinlichkeit und Schadenhöhe bewertet. Anschließend wird ein Detail-Risiko-Wert (DRW) berechnet. Zum Abschluss wird das Ergebnis über eine Risiko-Matrix visualisiert.

Ausblick

Bestimmt scharren Sie schon mit den Hufen und wollen mehr wissen. Im nächsten Abschnitt werden die Ansätze konkretisiert und ausführlich dargestellt.

Konzeption Marken-Risiko-Management (K.M.R.M.)

Einblick

Verfällt Ihre Marke in Krisen in Schockstarre oder haben Sie mit einem Aktionsplan vorgesorgt?

Im fünften Konzeptionsteil erfahren Sie,

- wie Sie aus der Hilflosigkeit zur Verteidigungsfähigkeit kommen,
- warum ein „Nordstern“ uns zum Täter macht,
- wieso Ihre Marke im „Blaubeerfeld“ nicht glücklich wird,
- weshalb 1,3 kg Gehirnschmalz 1.000 kg Löschwasser überlegen sind,
- welche vier Teilprojekte mit drei Werkzeugen angepackt werden sollten,
- wie eine vierstufige Risiko-Treppe Ihre Marke **schützt**.

„Der Krimi, den das (Marketing-) Leben schrieb“ (Der Abwehrplan bzw. Folge 5):

Der Erstschlag hatte gesessen. Leider auch ein Zweitschlag: Mittlerweile war eine weitere Diskreditierungsstudie in Kanada aufgetaucht und in einer reichweitenstarken Investigativ-Sendung aufgegriffen worden. Offensichtlich verfolgte der Gegner mit hoher Professionalität einen systematischen Plan, um meinem Mandanten durch eine Rufschädigung der Marken Marktanteile abzujagen. Lena C. war auf jeden Fall schon mal erleichtert, dass wir jetzt wussten, woher die Angriffe kamen. Dennoch lagen wir hinten. Übrigens auch im Kampf um den besseren Job. Jederzeit konnten weitere Publikationen auftauchen und zu einem weiteren Verlust an Marken-Vertrauen und an Verschreibungsbereitschaft sowie bei den Marktanteilen und den Umsätzen führen.

Natürlich wollten wir kein Opfer sein und uns unserem Schicksal hingeben. Zumal der Aktienkurs des Mandanten um 15 % eingebrochen war und der Vorstandsvorsitzende entsprechend Druck ausübte. Für Passivität war kein Platz. Im Gegenteil, es galt, in Windeseile eine Konzeption zu erstellen, um aufzuholen, gleichzuziehen und nicht nur in punkto Beförderung letztlich vor die Lage zu kommen.

Entsprechend der Marken-Werte des Mandanten und von mir lautete die oberste Maxime, nur mit legalen und *ethisch legitimen Mitteln gegenzuhalten. Unter Einsatz aller Kräfte und einigen Nachtschichten entwickelten wir über mehrere Zeitzonen mit unseren Partnern auf dem anderen Kontinent eine ziemlich „pfiffige“ Konzeption (Ziel, Strategie, Instrumente, Maßnahmen).*

„Es kommt nicht darauf an, die Zukunft vorauszusagen, sondern auf die Zukunft vorbereitet zu sein“ (Wisse Dekker, Aufsichtsratvorsitzender, N.V. Philips).

Sind Sie Führer oder Folger? Wenn Sie das Heft in der Hand halten wollen, gehen Sie voran und zeigen die Richtung. Oder um es mit Benjamin Franklin zu schreiben: „Failing to plan, is planning to fail“.

In diesem Kapitel geht es um die selbstbestimmte, frühzeitige und systematische Planung (Konzeption) Ihres Morgens und Übermorgens. Auf diese Weise machen Sie Ihren Marken-Schatz so anpassungs- und widerstandsfähig (Resilienz) wie möglich. Bei der Stärkung Ihres Marken-Immunschutzes stellen sich vier Aufgaben, die durch drei erprobte Werkzeuge ermöglicht werden.

Die Aufgaben:

- Ziel-Definition,
- Strategie-Entwicklung,
- Instrument-Festlegung und
- Indikatoren-Bestimmung.

Die Werkzeuge:

- Risiko-Ziel-Formulierung (RZF),
- Risiko-Indikator-Chip (RICH) und
- Risiko-Konzeptions-Raster (RKR).

Als Ergebnis erhalten Sie die Ziele, die Strategie, die Instrumente und die Indikatoren.

Zur Einordnung: Dies ist die zweite Phase in der Abfolge Analyse, Konzeption, Implementierung und Controlling. In einem vorherigen Kapitel haben Sie alles über die erste Phase (Analyse) erfahren, auf den nachfolgenden Seiten geht es um die zweite, die Konzeption, mit den oben geschilderten Aufgaben und Werkzeugen.

Ziel-Definition

„Nur wer sein Ziel kennt, findet den Weg“ (Laozi).

Ziele zu setzen, entspricht der Nutzung eines Kompasses. Wir geben damit all unseren Aktivitäten eine bewusste, konzentrierte und motivierende Richtung.

Ziele beantworten die biblische Frage aller Fragen: Wo wollen wir hin und warum? (vgl. Johannes Evangelium, 13,37, Heilige Schrift).

Ohne Fixpunkt und Motiv verschwenden wir unsere Kraft und bleiben unter unseren Möglichkeiten. Ohne Intention sind wir ein Spielball fremdbestimmter Ereignisse. Ohne Ausrichtung landen wir auf unserer Reise nicht im Sommer, sondern oft in der Antarktis ... Anders umschrieben: „Wenn Du Orangen willst, suche nicht im Blaubeer-Feld.“ (Strelecky).

Mein beruflicher und privater Werdegang war, ist und wäre ohne einen „Nordstern“ völlig undenkbar. In Jahrzehnten Marketing und Leistungssport war ich für diese *Lichtpunkte* dankbar. Ihr Charisma lehrte mich, wie „Wunschorte“ positive und fokussierte Energie für uns und andere ausstrahlen.

Wenn wir uns durch Ziele verpflichten, werden wir wachsen. Legen wir uns nicht fest, wachsen unsere Ausreden. Bedenken Sie: Die (sylvesterlichen) Versprechen bzw. Vorsätze sind die Sätze, die am häufigsten und am schnellsten gebrochen werden.

Lichtblick 26: Bei der Zieldefinition sollten wir genau wie ein Leistungssportler äußerst ambitioniert sein. Dabei sollten wir nicht überschätzen, was wir kurzfristig erreichen können und nicht unterschätzen, was uns langfristig möglich ist. Erst mit austarierten und ehrgeizigen Wünschen nutzen wir bei der Implementierung unsere Kapazitäten voll aus. Erst dann verschieben wir unsere Grenzen und können nach dem Himmel greifen.

Welche Risikoziele Sie definieren, hängt sowohl von der Analysediagnose als auch dem eigenen Sicherheitsbedürfnis ab. Typische fallneutrale Beispiele sind der Marken- und Kundenschutz, Qualitätssicherung, Protektion gegen Produktpiraterie, eine aktive Risikosteuerung und eine Sensibilisierung für Risiken.

Lichtblick 27: Bei der Auswahl der Ziele gilt es, zwischen Unter-Lassen und Unter-Nehmen abzuwägen.

A. Zum Abwägen:

„An allem Unfug, der passiert, sind nicht nur die Schuld, die ihn tun, sondern auch die, die ihn nicht verhindern" (Kästner).

Meine Empfehlung: Zum einen ist die Angst des Passiven zu überwinden, zum anderen der Übermut des Hasardeurs zu vermeiden. Das Abwägen zwischen Übermut und Furcht ist die Kernkompetenz eines Verantwortlichen.

Das Dilemma besteht darin, dass sowohl Unternehmen als auch Unterlassen Risiken und Chancen beinhalten. Wir kommen voran, wenn wir langfristig zwischen beiden eine wirtschaftlich ausbalancierte Position anstreben und finden.

„Risiko ist Tauziehen zwischen Kitzel und Bremsen" (Hinrich).

B. Zum Unter-Lassen:

„Wer kein Vogel ist, soll nicht über Abgründen lagern" (Nietzsche).

Ein kluger Kopf überlässt 100 % Risiko den Trapezkünstlern und leeren Köpfen.

Wenn wir allerdings keine Antworten geben und unser Schicksal (inkl. Risiken) nicht beeinflussen, tun es die Umstände. Der „passiv Wartende" ist Opfer, arm an Mut und oftmals wortwörtlich selbst für seine Armut verantwortlich.

C. Zum Unter-Nehmen:

Wagende Ver-antwortliche und mutige „Leader" entscheiden sich und geben ihren „Followern" Antworten für die angestrebte Richtung. Sowohl uns selbst als auch allen „Followern".

Lichtblick 28: Die Markenführungskraft setzt Ziele trotz gewisser Angst, sich vom Falschen getrennt zu haben. Besser wir treffen selbst eine Ent-scheidung, als passiv von außen getroffen zu werden und als Betroffene zu leiden.

Eine S.M.A.R.Te Definition („Smart" als Akronym für eine vollständige und schlaue Bestimmung: *s* pezifisch, *m* essbar, *a* mbitioniert/akzeptiert, *r* ealistisch, *t* erminiert) sollte so präzise und konkret wie möglich sein, um die Beteiligten tatsächlich motivieren und kontrollieren und letztlich ins Schwarze treffen zu können.

Standhaft Ausflüchte zu verhindern, gelingt am besten durch die präzise Festlegung von Inhalt, Titel, Objekt, Zeit, Maßeinheit, Sollwert und Priorität. Mit Hilfe eines Risiko-Ziel-Formulars stellen Sie sicher, dass diese Aufgabe vollständig erledigt wird und keine Schlupflöcher bleiben.

Schriftliche Dokumentation, öffentliche Verkündigung und ständige Sichtbarkeit sind ungemein wirkungsvoller Verstärker für Ihre Motivation und die Ihrer Mitstreiter. Ohne ein solch strukturiertes und disziplinierendes Denkwerkzeug „zielen Sie ins Blaue“ und werden „keine leckeren Orangen ernten“ (siehe Strelecky).

Risiko-Ziel-Formular (RZF)

Risiko-Ziel-Formular (RZF)			
MERKMALE	*Ziel 1*	*Ziel 2*	*Ziel n*
Inhalt	Vermeidung		
Risiko-Titel	Plagiatrisiken		
Objekt	Breitling Navitimer		
Zeit	Bis 30.6.2007		
Meßeinheit	Grob-Risiko-Wert (GRW)		
Ist vs. Sollwert	5 auf 3		
Priorität (Skala 1 – 5; 5=höchste Priorität)	4		

BrandRelationship Consulting

Abbildung: Beispiel Risiko-Zielformular

Strategie-Entwicklung

„Erst wägen, dann wagen“ (Generalfeldmarschall von Moltke).

Nach der Zielsetzung steht die Entwicklung der Strategie an. Nicht umgekehrt! Die Strategie steht an zweiter Stelle. Sie ist der Weg zum Ziel (erste Stelle) und von ihm zu trennen. Ausrufezeichen.

Sie glauben gar nicht, wie viele Missverständnisse und Umwege Sie damit vermeiden können. Nach über 25 Jahren Marketing, der Leitung von über 260 Seminaren mit mehr als 5.000 Teilnehmern und vielen Hochschulakkreditierungen kann ich Ihnen von einigen Irrlichtern berichten.

Wenn Sie an dieser Stelle deutlich und diszipliniert unterscheiden, haben Sie zumindest sprachlich schon mal ein Risiko weniger.

Wer Vater Rhein und die Nordsee zur Wahlheimat zählt, kennt das Deichrecht. Zu ihm gehört der warnende Enteignungsgrundsatz „Wer nicht will deichen, muss weichen!“ Dieses Postulat hat in Stürmen, bei Flut und hoher Brandung (auf niederländisch „branding“) viel Leid abgewehrt und sollte im Verständnis der Marke als „Fels in der Brandung“ angewendet werden.

Steht Ihr Deich? Die zuverlässigste Strategie besteht in einer Optimierung des Gesamt-Risikos. Kurz: In guten Zeiten, die schlechten präparieren. In schlechten Zeiten, so lange standfest bleiben, bis die Krise bewältigt ist.

Der Optimierungsansatz lässt sich mittels einer deichähnlichen, vierstufigen Risiko-Treppe visualisieren. „Einzustufen“ sind fünf Risiko-Kategorien: bestandsgefährdende, schwerwiegende, bedeutende, mittlere und Bagatell-Risiken.

Die Bezeichnungen verdeutlichen die Gefahrenstufen.

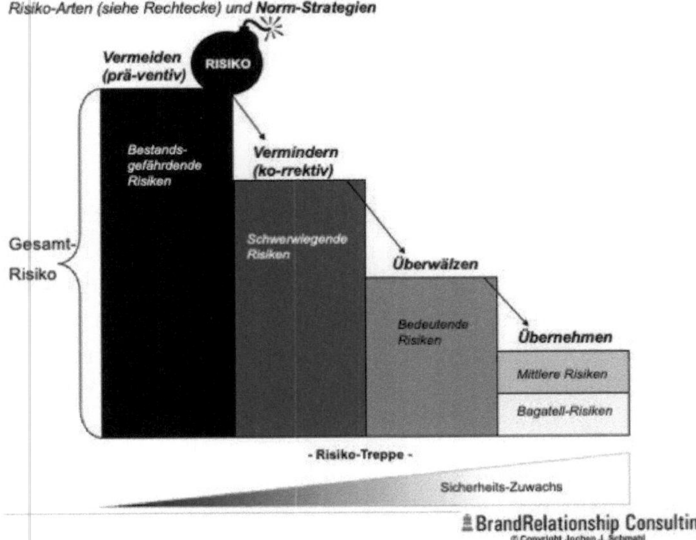

Abbildung: Risiko-Arten und Norm-Strategien

„Ein Feuer nicht zur Kenntnis zu nehmen, bedeutet nicht, es auszulöschen" (Williams).

Je nach Risiko-Art bzw. Gefahrenstufe empfiehlt sich ein unterschiedliches Vorgehen. Zur Auswahl stehen vier Norm-Strategien: Bestandsgefährdende Risiken sollten vermieden, schwerwiegende Risiken vermindert, bedeutende Risiken übergewälzt und mittlere oder Bagatell-Risiken akzeptiert werden. Dadurch ist Ihr „Deichsystem" stabil und die Risiken samt Folgen (Schäden) werden „stufenweise" abgeschwächt oder akzeptiert.

Dieses Prinzip sollte anschließend auf die individuelle „Position" der konkreten Risiken innerhalb der Risiko-Treppe und der Risiko-Matrix angewendet werden. In Abhängigkeit von Risiko-Intensität sollten die einzelnen Gefahrenbereiche priorisiert und entsprechende Schutz- und Schadensressourcen verteilt werden. Ergo empfiehlt sich bei bestandsgefährdenden Risiken die höchste, bei Bagatell-Risiken die niedrigste Aufmerksamkeit.

Instrument-Festlegung

„Wer sich nicht wehrt, der lebt verkehrt“ (Redewendung).

Die dritte Aufgabe ist die Festlegung von Instrumenten gegen die einzelnen Risiken. Diese erfolgt in Abhängigkeiten zu den gewählten Norm-Strategien. Dabei lassen sich vier Instrumentengruppen unterscheiden: Organisatorisch-qualitative, rechtliche, finanzielle und physische Instrumente. Zu jeder Kategorie gibt es eine Vielzahl nützlicher Denk- und Steuerungswerkzeuge.

Instrumente

Organisatorisch-qualitative Instrumente	Rechtliche Instrumente	Finanzielle Instrumente	Physiche Instrumente
• Genehmigungs-verfahren • Checklisten • Krisenpläne • Richtlinien • Planungswerkzeuge • Sorgfältige Personalauswahl, -einarbeitung, -entwicklung • Schulungen • Festlegung von Verantwortlichkeiten • Personelle Streuung von Funktionen	• Maximale Anmeldung und Nutzung gewerblicher Schutzrechte • Intensive Verfolgung von Schutzrecht-verletzungen, insbesondere Markenpiraterie • Lizenzverträge	• Versicherungen • Rückstellungen • Stille Reserven	• Produkt-Labelling • Verpackungs-Labelling

BrandRelationship Consulting

Abbildung: Instrumente

Indikatoren-Festlegung

Die letzte Aufgabe der Konzeption besteht in der Bestimmung von quantifizierbaren Risiko-Indikatoren. Diese Aufgabe lässt sich mit der Arbeit eines Mediziners vergleichen. Sie besteht in der antizipierenden Identifikation der ersten Symptome, mit dem sich die Krankheit bzw. das Marken-Risiko vermutlich ankündigt.

Rückblick (Executive Summary)

Wie steht es um die systematische Planung Ihres Morgens und Übermorgens?

1. Zieldefinition

Diese entspricht der Ausrichtung eines Kompasses. Wir geben damit allen Aktivitäten eine konzentrierte und motivierende Vorgabe. Ziele sind abhängig vom eigenen Sicherheitsbedürfnis. Typische fallneutrale Beispiele: Marken- und Kundenschutz, Qualitätssicherung, aktive Risikosteuerung. Bei der Auswahl gilt es, zwischen Unter-Nehmen und Unter-Lassen abzuwägen und langfristig eine wirtschaftlich ausbalancierte Risikoposition zu finden. Wenn wir uns durch Ziele verpflichten, werden wir wachsen. Wenn wir uns nicht verpflichten, wachsen unsere Ausreden. Standhaft Ausflüchte zu verhindern, gelingt am besten durch die präzise Festlegung von Inhalt, Titel, Objekt, Zeit, Maßeinheit, Soll-Wert und Priorität.

2. Strategie Entwicklung

An Küsten gibt es das Deichrecht. Warnung und Enteignungsgrundsatz „Wer nicht will deichen, muss weichen!“ sollten wir als

Markenführer übernehmen. Die erfolgversprechende Route besteht in einer Optimierung des Gesamt-Risikos. Der Ansatz lässt sich mit deichähnlicher, vierstufiger Risiko-Treppe visualisieren. Je nach Risiko-Art empfiehlt sich ein unterschiedliches Vorgehen. Zur Wahl stehen vier verschiedene Norm-Strategien. So ist Ihr „Deichsystem" stabil und die Risiken werden „stufenweise" adäquat abgeschwächt. Je nach Risiko-Intensität sollten die einzelnen Risiken priorisiert und entsprechende Ressourcen verteilt werden.

3. Instrument Festlegung

Diese erfolgt in Abhängigkeiten zu den Norm-Strategien. Dabei lassen sich vier verschiedene Instrumentgruppen unterscheiden.

4. Indikatoren Festlegung

Medizinergleich besteht die Aufgabe in der Antizipation der allerersten Symptome, mit dem sich das Marken-Risiko vermutlich ankündigt.

Ausblick

Der nächste Abschnitt ist der Wichtigste. Warum? Reden zählt nicht. Auf das Machen bzw. Implementieren des Risiko-Managements kommt es an.

Implementierung Marken-Risiko-Management (I.M.R.M.)

Einblick

Reden Sie noch und kommen nicht zu Potte? Streichen Sie hätte, sollte, würde, könnte. Machen ist viel besser! Im „Implementieren-Kapitel“ erfahren Sie,

- warum Sie ein Tritt in den gluteus maximus nach vorne bringt,
- wie Frau Rastlos, Herr Multitask und Frau Aufschieben krank machen,
- wieso der Erfolgsquotient (EQ) dem IQ weit überlegen ist,
- welche vier Aktivitäten eine starke Brandwehr schaffen.

„Der Krimi, den das (Marketing-) Leben schrieb“ (Der Gegenschlag bzw. Folge 6):

Nach dem intensiven „Hirnen“ ging es an die interkontinentale Exekutive. Lena C. drängte, da es zwischenzeitlich auch eine „Attacke“ in Asien gegeben hatte und wir eine weitere Verbreitung unbedingt verhindern wollte. Mittlerweile waren endlich ihre Kopfschmerzen verschwunden. Mit der gewonnenen Transparenz über die Hintergründe der Schmutzkampagne war ihr Kampfgeist zurück. Sowohl gegen den Pharma- als auch den weiblichen Wettbewerb ... Lena C. hatte sich in Lena Croft verwandelt ...

Gesagt, getan. Ran an das klassische internationale Projektmanagement, rein ins Machen und Erledigen.

Mittels Befragungen sorgten wir für Transparenz über den Marken-Status aus Sicht der Ärzte, Apotheker und Patienten.

Mittels Monitorings ausgewählter Fach- und Publikumsmedien behielten wir einen Überblick über die Medienlandschaft.

Im Rahmen der integrierten Kommunikation organisierten wir in den USA, Kanada und Japan das volle Programm an Verteidigungs- und Aufklärungsmaßnahmen wie Faktensammlungen, Außendienstschulungen und vertrauensbildenden Mailings, Konferenzen, Pressemitteilungen, Pressekonferenzen, Anzeigen, TV-Kampagnen, Events, Messen und Sponsoring. Da wurde für alle was geboten … und keinem langweilig (leider aufgrund von Wichtigkeit und Dringlichkeit kein Urlaub). Endlich hatten wir im Drivers Seat platzgenommen.

„Es gibt nichts Gutes. Außer man tut es!“ (Erich Kästner).

Die Vollendungslücke

„Stop starting, start finishing“ (Matthias Kolbusa).

Lassen Sie uns über das „Machen“ sprechen. Besser aber über die Königsdisziplin „Erledigen“. In meinem Selbstverständnis als Umsetzer und Beweger liegt mir das Gelingen besonders am Herzen.

Um Marken „feuerfest“ zu machen, brauchen wir – nach „kühlem Analyse-Kopf“ und „cleverem Konzeptions-Hirn“ – ein „heißes Herz mit starker Hand“.

Insbesondere bei *Leuchtmarken*. Sie heben sich von 08/15-Marken deutlich ab und polarisieren. Einerseits erstrahlen sie im Bühnenlicht und ziehen Fans magnetisch an. Andererseits bieten die Ecken und Kanten ihrer Profile Angriffsflächen. Diese offenen Flanken locken eine Minderheit lautstarker Aktivisten, anerkennungssüchtiger Trolle und skrupelloser Krimineller. Insbesondere „im Netz des Hasses" (F.A.Z., Josefine Hart, 17.9.22) und den teilweise unsäglichen (a)sozialen Medien. Viel Ehr, viel Neid und Feind. Diese Pest müssen sich Lichtgestalten leider „verdienen", einen (digitalen) Preis zahlen und sich wappnen.

„Die Wahrheit einer Absicht ist die Tat" (Hegel).

Das tatsächliche Erschaffen eines soliden Schutzwalls ist fundamental, um einem Orkan zu widerstehen.

Lichtblick 29: Verkopftes Denken und nichtssagendes Reden ohne Taten produzieren ein sinnloses Geräusch. Vielmehr heißt es, nach dem Quasselklub die Ideen vom Kopf auf die Füße zu stellen bzw. die gedankliche Kraft auf die Straße der Transformation zu bringen.

Leider haben die meisten Marken weniger ein Konzeptions- als ein Umsetzungsdefizit. Einerseits sind wir „Wissensgiganten", andererseits „Realisierungsdilettanten" (vgl. Sterzenbach). Es wird zu wenig ins Ziel gebracht. Zwischen verkopften Ideen und handfester Materialisierung klaffen diverse Lücken … Von Kratern (und diversen Patienten) zu schreiben, trifft es wohl passender …

Lücke 1: Unzählige Vorhaben werden in Marketopia durch „Max Aufschieberitis" verzögert. Prokrastination ist leider ernst. Die „lange Bank" als des Teufels liebstes Holzmöbel ist verlockend. Holz brennt gut und so gleicht das „Platznehmen“ und Aufschieben dem Spiel mit dem Feuer. Nur zu hoffen, dass sich die Aufgaben von alleine erledigen, ist unsinnig.

Die Realität zeigt, dass das unvermeidliche Unheil nicht vorbeiziehen wird. Den Sand in den Kopf zu stecken, sorgt zwar zunächst für angenehme Stille im Gehörgang, später aber für Schmerzen. Zögern hat seinen Preis, weil Alternativen schwinden und wir mit dem Rücken zur Wand gepresst werden.

Klimakatastrophe, Energiekrise und Inflation beweisen die Unterlegenheit der Passivität. Die Markenwelt funktioniert nach demselben Ursache-Wirkungs-Prinzip. So sind Marken-Schäden à la verlorenes Vertrauen wie Zahnpasta. Sind sie einmal raus aus der Tube, bekommt man sie nicht mehr rein (vgl. Pöhl). Sollte doch noch eine Option verbleiben, ist sie meist ein verzweifelter und letzter Ausweg. Leider als ultimative Abfahrt oft extrem teuer. „Wer nicht beherzt handelt, zahlt am Ende einen ungleich höheren Preis. Die Rechnung dafür kommt – früher oder später.“ (Pennekamp, F.A.Z., 16.4.22, S. 19).

Lücke 2: Viele Vorhaben werden von der redseligen „Petra Denkbürokrat“ nur wolkig angekündigt, erblicken aber niemals die reale Welt.

Lücke 3: Viele Projekte werden von „Kevin Multitask“ lediglich gestartet, aber nie zu Ende geführt. Herr „Tanz auf allen Hochzeiten“ verwechselt „busyness“ mit Produktivität.

Lücke 4: Marketers wie die immer gehetzte und häufig zu spät kommende „Vanessa Rastlos“ verzetteln sich in der (digitalen) „Zu-viel-isation“. Die Anzahl und Schwere von Fear-of-missing-out-Viren (F.O.M.O.) und Aufmerksamkeits-Defizit-Syndromen

(A.D.S.) unter Marketingpatienten ist hoch. „Always-on“-Zwänge werden weitere Zappelphilippe produzieren.

Medikamente gegen Umsetzungsdefizite

Wenn wir die Vollendungslücken überspringen und die Patienten heilen wollen, hilft ein „medikamentöses Triumvirat“ aus Tun, Resultaten und Erfolgsquotient.

Wie wäre es mit einer Verwandlung vom „Wortzwerg“ in einen „Tatenriesen“? Im selben Atemzug ließen sich im „Kehraus“ schwafelnde, überbesetzte und ergebnislose Meetings „in den Müll entsorgen.“

Tun (Input)

„Net schwätze, schaffe. Ruhm kommt aus dem Tun“ (Redewendung).

TAT-verdächtige Impulse für die Selbst- und Fremdführung:

Lichtblick 30: „Seid aber TÄTER des Wortes ...“ (Bibel, Jakobus 1,22). Wäre es nicht schlau, die Kurve zu kriegen, statt die (Marken-) Krise zu bekommen? Denken, Reden und Schreiben allein bringen nichts. Oft enttäuschen sie als inkonsequentes Hirngespinst und folgenloses Lippenbekenntnis. Kein Wort spricht lauter als die Tat „Es gibt nichts Gutes, außer SIE tun es.“ (vgl. Kästner).

Lichtblick 31: Die schlechteste Entscheidung von allen, ist keine zu treffen. Bei (Marken-) Risiken und Krisen besonders. In dieser Luftleere würden andere und die Umstände „ent-scheiden“. Als Ohnmächtige würden Sie von Ihrer Freiheit getrennt.

Ohne Ihren Einfluss würden Sie sich macht-los von Chancen trennen. Statt zu entscheiden, würde über Sie als Opfer entschieden. Statt zu führen, würden Sie geführt. Statt zu „treffen", würden Sie „getroffen". Lassen Sie es zu einem „würde" gar nicht erst kommen. Behalten Sie Ihre *Würde*.

Lichtblick 32: „Wer kämpft, kann verlieren – wer nicht kämpft, hat schon verloren" (unbekannter Urheber). Was Sie unterlassen, brennt an. Was Sie nicht tun, wird Sie und Ihre Marke einholen. In sechs Monaten werden Sie sich wünschen, *heute* angefangen zu haben. Sie und andere werden vorwurfsvoll fragen „Warum haben Sie das nicht eher gelöscht?"

Lichtblick 33: Handeln wir nicht erst dann, wenn es unausweichlich ist. Bereuen wir nicht etwas, was wir nicht gestartet haben. Reue ist hartnäckig, Verjährung selten.

Lichtblick 34: Hören wir auf zu wünschen, dass das Schicksal und die Sterne uns gnädig sind und etwas (zufällig) passiert. Der Glücksfall trifft vor allem die Fleißigen und kann nur von den Vorbereiteten ergriffen werden.

Lichtblick 35: Ob Unternehmer oder Angestellter: Wir haben Einfluss. Wer dieses freiheitliche Geschenk nutzt, ist ein „Leader". Der Selbstbestimmer führt sich, andere und die Marke. Zwar können wir unsere Zukunft und den Erfolg nicht komplett bestimmen, wohl aber stark beeinflussen.

Lichtblick 36: Am Morgen „mitzu-werken" ist ein befriedigendes Gefühl. So bestätigen die Psychologen, dass sinnerfüllte (purpose) Treiber und Lenker glücklicher leben als Getriebene und fremdbestimmte Passagiere.

Lichtblick 37: Lassen Sie uns im „driver seat" Platz nehmen und als *Führungs*-kräfte souveräne Entscheidungen für die größten Chancen und gegen die elementarsten Risiken treffen.

Lichtblick 38: Sorgen wir als verursachende Ver-*antwort*-liche und Täter dafür, dass wir so häufig wie möglich Reise-*Führer* sind.

Lichtblick 39: Was halten Sie von meinem Credo „Preha schlägt Reha" und meinem Anpacker-Motto „Mach los, statt machtlos"?

Ich drücke die Daumen, dass der ein oder andere Im-*puls* bei Ihnen zu erhöhtem Herzschlag, guter Saat und fruchtreicher Ernte führt.

Zögern Sie etwa noch?

Was blockiert Ihr Tun?

In meinem geliebten Ausdauersport habe ich gelernt, dass es nicht der Berg ist, den ich überwinden muss, sondern mein „innerer Schweinehund".

Verscheuchen Sie diesen Bremser und geben Sie sich einen Schups. Manchmal muss es auch ein Tritt in den gluteus maximus sein.

Anmerkung: Natürlich gehe auch ich aus dem Kampf mit dem tierischen Schurken nicht immer als Sieger hervor. Aber immer öfter.

Die Zeilen von Deshauna Barber haben diesen Widerling schon oft vertrieben und mich vor dem Sofa gerettet.

„Haben Sie keine Angst vor dem Scheitern. Aber fürchten Sie sich vor dem Bedauern, vorschnell aufgegeben zu haben. Aufgeben ist die Geburtsstunde des Bedauerns. Es gibt viele Fragen, die Sie nachts wachhalten. Aber es gibt keine Frage, die länger wachhält als die Frage ‚Was wäre, wenn ich *nicht* aufgegeben hätte?' "

Natürlich erinnere ich mich an manches Aufgeben. So habe ich z.B. nach einem enttäuschenden Marathon im Speedskating diesen Sport 2002 aufgehört. Auch 20 Jahre später, kommen diese schmerzlichen Bilder immer wieder hoch. Dann frage ich reuevoll, ob ich nicht kurz vor dem Durchbruch stand und zu früh die Rollen an den Nagel gehängt habe. Im Nachhinein bedauere ich es und würde es anders machen. Hätte, hätte, hätte …

Sie wollen doch wohl nicht jetzt abbrechen, oder?

Zu diesem Zeitpunkt haben Sie bereits die Hausaufgaben durch Analyse und Konzeption geadelt. Das soll alles für die Katz gewesen sein?

Lichtblick 40: Brechen Sie nicht ab, wenn Sie fertig sind. Hören Sie erst auf, wenn die Ziellinie überschritten und das Projekt abgeschlossen ist.

Worauf warten Sie?

Es genügt nicht, mit beiden Beinen im Leben zu stehen. Man muss sie auch bewegen … Zugegeben, der erste Schritt ist oft der Schwerste … Auch mir stellten sich bei 127 Marketingprojekten und 30.000 Trainingsstunden hohe Hürden in den Weg. Die verknüpften Lektionen waren die Anstrengungen aber mehr als wert und sollen auch Ihnen den nötigen Anschub geben.

Lichtblick 41: Wenn mich Zweifel lähmen, befreit mich die Erkenntnis des unermüdlichen Erfindergenies Edison: „Es ist besser, unvollkommen anzupacken, als perfekt zu zögern."

Lichtblick 42: Wenn ich mal wieder in der Couch vor dem Fernseher versinke, lasse ich mich von Christa Vahlensieck inspirieren. Sie war mehrfache Weltrekordlerin und mein erster Laufcoach. Sie kannte sich nicht nur als Coach, sondern auch mit Couches gut aus und trichterte mir immer wieder ein: „Wie langsam Du auch läufst. Du schlägst alle, die auf der Couch bleiben."

Lichtblick 43: Meine feste Überzeugung ist „Bewegung schlägt Stillstand". So wurde „Keep TRI-ing" zu meinem Trikotaufdruck und Antrieb.

Lichtblick 44: Lassen Sie uns gemeinsam Zweifel, Perfektionismus und Aufschieberitis besiegen. Streichen wir Hätte, Sollte, Würde, Könnte. Machen ist viel besser!

Lichtblick 45: Disziplin lässt sich trainieren. Die Beweise und Beispiele sind überwältigend und beeindruckend.

Lichtblick 46: Wenn wir wirklich wollen und kontinuierlich „fleißeln", werden wir meist einen Weg finden, um unsere Ziele zu erreichen.

Lichtblick 47: Haben wir erst mal die „Laufschuhe geschnürt", kommt unser Zug „ins Rollen" und Momentum bzw. Löschmittel sind kaum aufzuhalten.

Lichtblick 48: Don't quit! Do it! Sagen Sie Ausflüchten und unnötigen Risiken den Kampf an. Sie schaffen das!

Resultate (Output)

Das Leben rechnet ständig ab – entweder bestraft es oder belohnt es. Hop oder Top. Misserfolge und Erfolge erfolgen aus dem Tun. Zwar ist das Handeln wichtig und wertgeschätzt, entscheidender und wertvoller ist aber das, was als Ergebnis rauskommt.

Drei „Abrechnungsbeispiele“:

1. Im Ausdauersport zählt das „Durchziehen“ und „Finishen“ über die Ziellinie.

2. Für den Marketingvertrieb zählt die Unterschrift des Kunden unter dem Kaufvertrag.

3. Für den Markenverantwortlichen zählt der einzigartige und positive Eindruck im Kopf der Zielgruppen.

Bereuen wir nicht etwas, was wir nicht zu Ende gebracht haben.

Ein „Did Not Finish“ (D.N.F.) ist keine Option. Verdienen wir uns die „Medaille“.

Erfolgsquotient EQ (Throughput)

„Gedacht ist nicht gesagt, gesagt ist nicht gehört, gehört ist nicht verstanden, verstanden ist nicht gewollt, gewollt ist nicht gekonnt, gekonnt und gewollt sind nicht getan und getan ist nicht beibehalten“ (ungeklärter Urheber).

Sind Sie und Ihre Marke „straßenstark“? Kennen Sie Ihren EQ?

Der Intelligenzquotient (IQ) wird als formale „Schulschlauheit“ weit überbewertet. Als „Möglichkeits-Indikator“ befasst er sich nur mit Potential, Denken, Reden und Schreiben (Talk is cheap). Realen Erfolg haben wir aber erst dann, wenn aus Intelligenz Taten erwachsen und wir tatsächlich und nicht nur möglicherweise das Ziel erreichen.

Wichtiger ist daher der sogenannte Erfolgsquotient. Beim Erfolgsquotient (EQ) geht es um das Verhältnis von Taten (Zähler) zu Resultaten (Nenner). Je höher der EQ (inklusive *E*mpathie, inklusive *E*motion), desto häufiger wird Theorie in reale Taten übersetzt und führt zu anfass- und nachweisbaren Ergebnissen. Salopp: die (Marken-) PS auf die Straße bringen und ankommen. Je höher der EQ, desto glücklicher sind die „Finisher“. Straßenstärke schlägt Schulschlauheit bzw. EQ besiegt IQ!

Lichtblick 49: Letztlich kommt es nicht auf Möglichkeiten, Absichten und Anfangen an. Abgerechnet wird nicht auf halber Strecke. Für den Eintrag in die Marathonergebnisliste ist die Zwischenzeit nach 21,1 km völlig irrelevant. Über Sieg oder Niederlage entscheidet, ob Marken und Menschen trotz aller Widerstände und Krisen auch die finalen Zentimeter der 42.195 Meter überwinden (Walk the talk).

Lichtblick 50: Sollten erwünschte Resultate trotz aller Anstrengung ausbleiben, hilft die Erkenntnis, dass der „Weg das Ziel ist“ und die Lektionen des vorläufigen Scheiterns uns Meilensteine für den nächsten „Angriff“ pflastern. Bleiben wir in Bewegung. Aufgeben können wir bei der Post, aber nicht im Projekt.

Aber Achtung vor der Aktionitis! Das hektische Verzetteln und ständige Multitasking mit einer unüberschaubaren Anzahl an Marketing-Projekten, Kampagnen und Kanälen macht uns krank. Das abgelenkte Zuviiiiiel führt geradewegs zu Aufmerksamkeitsdefizitsyndromen und Burn-Out. Weniger und weglassen beruhigt und ist gesünder. Die Subtraktion schlägt das immer mehr, mehr, mehr ... N.B.: Als mir das klar wurde, habe ich ein ursprünglich geplantes Zusatzkapitel gestrichen.

Letztlich gewinnen die Marketer, welche die passende Richtung einschlagen und das Richtige (Wirkung ist Effektivität) richtig (Wirtschaftlichkeit ist Effizienz) tun. Er-folg-*reich* ist der, der sein Augenmerk auf die Marken- und Kundenwerte legt und sich bei der Auswahl und Verteilung der Ressourcen auf die Rentabilität fokussiert. Alles andere „kann weg".

Tipps zur Unterstützung beim Umsetzen

...Bevor es dunkel wird...

Soviel zu tun, so wenig Zeit übrig? Ist bei Ihnen gerade „Land unter" und es fehlen Marketing-Ressourcen? Kein Problem. Für die knappste Ressource von allen, gibt es eine Lösung auf Zeit.

„Geistesblitz, Treibstoff und Energieschub statt Burnout und Blackout".

Ein professioneller Manager ad interim ist nach meinem Verständnis und persönlichem Anspruch ein Macher. Genauer ... ein dreidimensionaler Macher: Mut-macher, Vor-macher und Mit-macher.

Aufgrund dieser Eigenschaften werden Interim Manager regelmäßig zum Feuerlöschen „eingeflogen". Die Prävention ist allerdings wesentlich angenehmer.

Implementierungsphasen und Aktivitäten

„Lieber unperfekt starten, als perfekt warten (Bodo Schäfer).“

In der Phase der Implementierung gibt es vier verschiedene Aktivitäten:

- Mitarbeiter-Dokumentation,
- Schulungs-Entwicklung,
- Maßnahmen-Erstellung und
- Maßnahmen-Realisierung.

Der Werkzeugkasten beeinhaltet:

- MRM-Handbuch 1.0,
- Risiko-Training (RT),
- Risiko-Maßnahmen-Formular (RMF) und
- Projektmanagement.

Auf der Ergebnisseite stehen: Qualifikation und Maßnahmen.

Nun gilt es, die in der Analyse und der Konzeption erarbeiteten Ergebnisse für die Marketingmitarbeiter in einem Handbuch zu dokumentieren.

Abbildung: Beispiel Risiko-Handbuch

Zum anderen sollten die Mitarbeiter in der Erkennung von Risiken und Bearbeitung von Krisen in Seminaren (siehe Trainer Angebot auf www.leuchtmarke-schmahl.expert/trainer) und gegebenenfalls mit ergänzender Simulationssoftware geschult werden.

Das Allerwichtigste ist es nun, konkrete Maßnahmen zu erarbeiten. Vor allem aber als „*Pro*:jekte“ professionell umzusetzen, um die Risiko-Position schnell zu optimieren.

Rückblick (Executive Summary)

Taten wappnen stärker als Worte. Machen und Erledigen sind Königsdisziplinen. Als „Beweger" liegt mir das Gelingen besonders am Herzen. Das *tat*-sächliche Erschaffen eines Marken-Schutzwalls ist fundamental, um einem Risiko-Orkan zu trotzen. Viele Marketer haben dabei weniger ein Konzeptions- als ein Umsetzungsdefizit: „Max Aufschieberitis" bringt zu wenig ins Ziel. Zwischen Ideen und Vollenden klafft ein Krater.

Sie wollen keine Brandwunden erleiden? Ein „ABC-Triumvirat" sorgt für eine kugelsichere Marken-Festung:

A. Tun. Verscheuchen Sie den „inneren Schweinehund." Geben Sie ihm einen kräftigen Tritt.

B. Resul-*tate*. Brechen Sie nicht ab, wenn Sie fertig sind. Hören Sie erst auf, wenn die Ziellinie überschritten ist. In allen Fällen wird belohnt oder bestraft. Ein „Did Not Finish" (D.N.F.) ist keine Option. Holen Sie sich den „Pokal".

C. Erfolgsquotient. Ein starker Wirkungsgrad beweist, wie viele Hürden überwunden wurden.

Ausblick

Bestimmt sind Sie ungeduldig und wollen wissen, ob sich eine aktive Risikoführung rechnet, oder? Das letzte Kapitel rundet das Thema Management mit dem Controlling ab und ist ein (hoffentlich) würdiges und verzinsliches Finale. Dann wird abgerechnet ... Zahlen und harte Argumente rund um Speed, Energie und Return on Invest (ROI) stehen im Fokus.

Kalkulieren Sie, wie sich Ihre Investition verzinst. Außerdem verrate ich Ihnen drei „vergoldete“ Tipps, mit denen Sie Ihre Karriereziele effizient erreichen und Ihre Marke schützen.

Controlling Marken-Risiko-Management (C.M.R.M.)

Einblick

7/6/3 - Im Endspiel wird abgerechnet … und abgeliefert.

Im Controlling-Finale bekommen Sie sieben Spargumente und erfahren,

- welche sechs Risiko-Werkzeuge helfen, um Ihre Marken-Verteidigung auf Herz und Nieren zu prüfen,
- wie ein externer Dienstleister parallel zu Vakanzüberbrückung und Kompetenzabdeckung, Transparenz, Speed, Energie und Verzinsung erwirtschaftet,
- welche drei goldenen Lektionen aus dem Leistungssport Ihnen den Marketingalltag erleichtern und Ihre Karriere befördern.

Bin sehr gespannt auf Ihre Kalkulation.

„Der Krimi, den das (Marketing-) Leben schrieb“ (Das Finale bzw. Folge 7):

Keiner hatte auf einen schnellen Erfolg gewettet. Den gibt es sowieso meist nur im Kino. So wurde das Geheimprojekt zu einem echten Langläufer Mandat. Mit viel Grips und Schweiß (die Amis nannten es „no pain, no gain“) gelang uns die verdiente Entlarvung der Opponenten, die Wiederherstellung des Vertrauens in die Unternehmens- und Produkt-Marke, ein Stopp der Diffamie-

rungskampagne und eine Rückkehr zu angemessenen Umsätzen und Gewinnen.

Als der Vorstand sah, dass sich der Aktienkurs erholte, wurden die Budgets für Risiko-Management und den Einsatz externer Fachleute erhöht.

Nach diesem Thriller mit „steilwandiger" Lernkurve hatten wir die Monitoring- und Abwehrmechanismen so „narrensicher" installiert und eingespielt, dass alle nachts entspannt schlummern und endlich mal wieder in Urlaub fahren konnten.

Notabene: Auch die schulischen Probleme von Lena Juniorin lösten sich in Luft auf. Die Pubertät dauert nicht ewig ...

Tagebucheintrag von Lena C. alias Lena Croft: Ich bin so froh, endlich die Kontrolle und Balance über mein Privat- und Berufsleben wiedererlangt zu haben. Gestern war ich nach vier Monaten endlich mal wieder beim Yoga Kurs. Heute hat mir mein Chef in der Cafete meine Beförderung mitgeteilt. 10 % mehr Gehalt waren auch dabei. Ich hätte ihn knutschen können ... Hab sofort meinen Resulter J.S. angerufen. Morgen gehen wir feiern. Ohne den wäre ich jetzt im Irrenhaus ... und arbeitslos. Seufz, das Marketingleben ist manchmal ganz schön stürmisch (Wann kommt der nächste?), andererseits ist es aber echt geil spannend und echt schön ...

„Management ohne Messung ist wie der Dart Wurf eines Blinden" (Biel).

Aktivitäten und Werkzeuge

In der vierten und letzten Führungsphase der Abfolge „Analyse – Konzeption – Implementierung – Controlling" besteht die

Aufgabe darin, die tatsächliche Risikoposition mit der erwünschten Risikoposition zu Controlling-Zwecken zu vergleichen und Verbesserungsansätze aufzuspüren.

Dazu gibt es sechs bewährte Werkzeuge:

- Risiko-Ampel (RA für GRW),
- Risiko-Matrix (RM für GRW),
- Risiko-Detail-Inventor (RDI),
- Risiko-Zahlen-Inventor (RZI),
- Risiko-Visual-Inventor (RVI),
- Risiko-Controlling-Formular (RCF).

Damit lassen sich die Wirksamkeit der prophylaktischen und abmindernden Instrumente sowie Maßnahmen sowohl parallel (Monitoring) als auch ex post überprüfen. Entdeckt der Marken-Wärter, dass Grenzwerte der Risiko-Indikatoren überschritten werden, kann er gegensteuern. Als Ergebnis entsteht ein Überwachungs-Cockpit.

Vorteilsquartett eines externen Dienstleisters

Oft werden wir Zeitakrobaten insbesondere von den Controllern bzw. „Herrschern der Zahlen" gefragt, ob sich die externe Unterstützung im Marketing durch einen professionellen Interim Marketing Manager *qualitativ lohnt* und *quantitativ rechnet*. Eine mehr als berechtigte Frage.

Da der Zeilenurheber selbst zu dieser Spezies gehört, ist er einerseits durch Eigennutz beeinflusst. Andererseits wirkt er als Marketingwissenschaftler (inkl. Seminar Marketing-Controlling) auch an Hochschulen. Dort ist Neutralität höchstes Gebot. Daher werden Ihnen im Anschluss neben Vorteilen immer auch Einschränkungen offengelegt. Wie immer gilt: Prüfen Sie alle Argumente auf Plausibilität und bilden Sie sich als mündiger „Abwäger“ selber eine Meinung.

In einer objektiven Perspektive haben die zwei Anwendungsfelder *flexible* Vakanzüberbrückung und *hochwertige* Kompetenzabdeckung vier Hauptvorteile, die sehr gute Manager auf Zeit mitbringen. Mit diesem Quartett geht die Kalkulation auf.

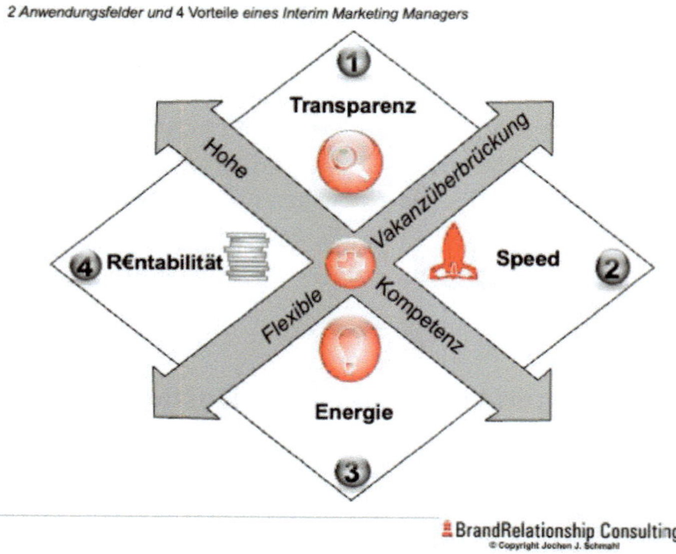

Abbildung: Anwendungsfelder und Vorteile eines Interim Marketing Managers

Vorteil Transparenz

„Wer urteilen will, darf nicht mitspielen“ (vgl. Wilhelm Busch).

Hervorragende Interim Manager bewegen sich außerhalb monologischer, autistischer Filterblasen und fern von schalldichten Echokammern der Unternehmen, Bereiche und Abteilungen.

Könnte es nicht befreiend sein, wenn F-r-e-i-berufler einen kreativen *Dialog* wiederbeleben, zündende Perspektiven eröffnen und frische Töne anstimmen?

„Die Unabhängigen“ sorgen wie ein neutraler Gutachter für Aufklärung. Sie bringen Chancen wie Risiken ans Licht.

Als „Rumgereiste“ sind sie „externe Augenöffner“

- ohne Branchenblindheit,
- fern von Betriebsinzucht,
- weit weg von Generationsstarrsinn und
- getrennt von situativer Kurzsichtigkeit.

„Manchmal braucht man die Gedanken anderer, *um auf* ANDERE *GEDANKEN zu kommen“* (vgl. Ferstl).

Vielreisende können als Globe-, „Branchen- und Firmen-Trotter“ mit Einblick in Dutzende Branchen und Unternehmen sowie Austausch mit vier Generationen und Hunderten Mitarbeiterpersönlichkeiten punkten.

Dadurch ist es möglich, flexibel über den Abteilungsrand zu schauen (Benchmarking) und kundenfeindliches Silodenken zu entlarven.

Mit neutraler Perspektive gelingen Entrümpeln, Ausmisten und Überwinden destruktiver Barrieren.

Emotionslos lassen sich austauschbare, verstaubte Zöpfe abschneiden und einzigartige neu flechten (Benchbreaking).

Fachspezialisten im Marketing können tief in Ihre Vermarktungsmaterie eintauchen. Zumindest die, die sich der Vermarktung vollends und jahrzehntelang verschrieben haben.

„Das Ganze ist mehr als die Summe seiner Teile“ (Aristoteles).

Besonders vorteilhaft ist die Involvierung jener, die sich aufgrund realer „Erfahrung auf Station“ ganzheitlich in *alle* Perspektiven (Markeninhaber, Berater, Interim Manager, Agentur, Marketingforschung) hineinversetzen können.

Generalisten, die den interdisziplinären und kreisförmigen Überblick über alle Bereiche haben (Marke, CRM, Produkt-, Preis-, Vertriebs-, Kommunikationsmanagement), verschaffen Ihnen einen exklusiven Mehrwert.

Dieser *360 + 1 Grad Blick* wird gerade in Stapelkrisen und einer Welt der *Überspezialisierung*, *Kleinteiligkeit* und *inzestuösen Fachidiotie* immer rarer und wertvoller. Strenggenommen ist die Spezies „General“ aufgrund ihrer Seltenheit selbst ein Spezialist. So wird der „in der Wolle gefärbte“ und rundum blickende „Helikopter-Marketeer“ zum gesuchten „Kapitän auf der Brücke“.

Tacheles reden zu dürfen und die „Friede-Freude-Eierkuchen-Party“ – wenn nötig – zu stören, gehört zu den Privilegien und Pflichten eines „Hubschrauberpiloten“ bzw. externen Freiberuflers.

„Wenn anderen heiß wird, werde ich kalt“ (Altkanzler Schmidt).

Die Rolle des Advocatus Diaboli und der Dissens kann allfälligen Wandel in einer „Wir-haben-uns-alle-lieb-Kultur“ ans Laufen und viele konstruktive Ideen ans Licht bringen. Nützlich, wer als Panzergrenadier und in diversen Marketingschlachten eine gewisse Geländegängigkeit im Umgang mit Konflikten trainiert hat, schon einmal scharf geschossen hat, und einige Feuerproben überstehen musste.

Ein „Reden um den heißen Brei herum“ überlassen die Profis (Unternehmens-) Politikern. Luftschlössern und aufgeblasenen Marketingplänen ohne Bodenhaftung lässt sich von außen leicht die heiße Luft ablassen.

Bei der Adressierung von Worst-Case-Szenarien und dem Umgang mit Risiken ist ein „Butter-bei-die-Fische“ lebensrettend. Manchmal reichen im übertragenen Sinne drei Worte: „Sagen, was ist“ (Augstein).

Bedenken Sie: Was alle hören wollen, ist häufig falsch.

Solofreiberufler müssen im Vergleich zu Angestellten keine devote Rücksicht auf Chefs, Denkverweigerer und Tatblockierer nehmen. Vor allem nicht im Risiko-Management. Das wäre doppelt schädlich, da bei Gefahren und Krisen die nüchterne, mutige und glasklar formulierte Analyse essenziell ist.

Ein weiterer Vorteil: Frei-berufler sind unabhängig von

1. kostspieligen „Egoprothesen“ aka Beförderung, Sekretariat, Dienstwagen,

2. fesselnden Denkbarrieren und

3. hemmenden Tatblockaden.

So können die Freien einerseits als Um-die-Ecke-Denker und Aus-der-Reihe-Tänzer freudig loben.

Andererseits können Externe auch gegen den Strom schwimmen und Missstände „unpolitisch“ und offen beim Namen nennen. Das gilt auch für die Bekenntnisse und Verantwortungsübernahme eigener Fehler *(Anmerkung: von denen es zumindest beim Verfasser genug gibt ... Erinnere mich da an so eine Präsentation vor dem Europäischen Marketingdirektor ...).*

Und von welchen fahrlässigen „Risikogenossen“ sollten Sie die Finger lassen? Jene Interim Manager vom Typ „Selbstüberschätzung“. Das sind die, die sich nicht nur als Finanzer, Personaler oder Einkäufer titulieren, sondern sich zusätzlich im per se schon schwer überschaubaren Marketing auskennen „wollen“. Meist begleitet durch eine oberflächliche „Patchwork Vita“ ohne spezifische Aus- oder Weiterbildung in Sachen Marketing.

Zur Bewertung: Kein Scherz und trotzdem nicht ernst zu nehmen, oder?

Erstaunlich, wie sich solche „Superhelden“ überschätzen. Oder ob es mit einer Handelsblatt-Werbung zu sagen „Die lauteste Meinung hat häufig nicht die leiseste Ahnung“.

Irritierend, wie sie sich frech anmaßen, auf allen Hochzeiten tanzen zu können.

Bemerkenswert, wie sie vorgeben, sich im hochkomplexen und unternehmensübergreifenden Marketing auszukennen. Oft mit allzu simplifizierten und „Headline-fähigen“ Empfehlungen.

Wissen, Demut und Seriosität sehen anders aus. Die Titel Lehrling, Scharlatan und Hochstapler sind noch zu vergeben … Offensichtlich existiert eine völlig limitierte und oberflächliche Definition von Vermarktung.

Klarstellung 1: Holistisches Marketing inkl. ganzheitlicher Markenführung und Relationship Management ist ungleich Werbung, kein „Blabla“, viel mehr als „bunte Bildchen“ und nichts zum „dünne Bretter bohren“.

Klarstellung 2: Holistisches Marketing umfasst das Analysieren, Konzipieren, Implementieren und Kontrollieren marken- und kundenwertorientierter Kultur, Organisation, Systeme sowie des *gesamten* Marketingmixes (Produkt-, Preis-, Vertrieb-, Kommunikation). Ergo handelt es sich um eine breite *und* tiefe „Bohrung“ in einer sehr komplexen, vielschichtigen und verantwortungsvollen Materie.

Fazit: In der Vermarktung den Über- und Durchblick zu haben, lernt und beherrscht auch der klügste Kopf nicht nebenbei. Sehr passend, dass mein Ex-Vorgesetzter und McKinsey-Alumni das Marketing als Dreier-Kombination aus rechenschaftspflichtiger Wissenschaft, Kunst und Handwerk beschreibt.

Disclaimer: Es liegt auf der Hand, dass der Verfasser nicht in jedem Marketingdetail den vollen Durchblick auf neuestem Stand hat. Wer dies aufgrund seiner jahrzehntelangen Erfahrung erkennt und dank mutigem F-r-e-i-geist klar und offen adressieren kann, ist schon mal einen ehrlichen Schritt weiter.

Wie löst der Verfasser dieses Defizit? Einerseits werden konsequent nur Mandate angenommen, bei denen eine sehr hohe Kompetenz existiert und eine große Chance auf Weiterempfehlung. Andererseits werden in Teilprojekten gegebenenfalls Spezialisten (z.B. Markenrecht) aus dem Mandantenteam oder von außen hinzugenommen. Teamwork makes the brand team work ...

Vorteil Geschwindigkeit

„Frei-Denker und Macher“ kommen, um zu gehen.

Leistungsstarke Manager auf Zeit haben nicht nur Lust auf Speed,

sondern boostern siebenfach: Sie

- haben mit langjähriger Erfahrung ein belastbares und schnell verfügbares Bauchgefühl,
- sind mit einem Minimum an Eingangsformalitäten flugs an Bord,
- senken Ihre Time-to-Fill (TTF),
- sind aufgrund ihrer Routine flott einsatzbereit,
- bringen festgefahrene Situationen ans Laufen und auf die Überholspur,
- können als Zeitprofi Projekte temporeich abwickeln und

- sind nach erbrachter Leistung zügig und komplikationslos wieder weg. Ohne unproduktive Freistellung. Ohne lähmenden Kündigungsaufwand.

Ein weiteres Plus für den Auftraggeber: Sie kommen für den benötigten Zeitraum kurzfristig an Führungskräfte, die Sie sonst nicht dauerhaft einstellen könnten und wollten (zu hohe Gehaltsforderungen; evtl. unzufrieden).

Sollte Ihr Unternehmenssitz zudem auf dem Land sein, würden Sie Angestellte mit „Extrakompetenzen" mangels Infrastruktur und Kultur sehr teuer einkaufen müssen („Wüstenzuschlag"), verzögert oder gar nicht erst bekommen.

Die Nomaden sind nicht nur schnell verfügbar, sondern sind oft auch örtlich sehr flexibel. Der Verfasser erinnert sich noch gut an einen langfristigen Einsatz in den Vereinigten Arabischen Emiraten. Fünf Tage nach Anfrage saß er im Flieger … und pendelte in 6,5 Arbeitstagewochen (135 % Auslastung) zwischen Düsseldorf und Dubai. Woche für Woche, Monat für Monat: Sonntag hin, Donnerstag zurück.

Gedankenfutter zur Debatte „Überqualifizierung und Unterforderung":

Gehören Sie auch zu denen, die bei der Auswahl von Marketing Managern auf Zeit dieselben Kriterien wie bei angestellten Marketeers anlegen? Wenn ja, entgeht Ihnen ein attraktives „Präsent".

Im Unterschied zur Angestelltenauswahl sollten Sie bei Interim Managern eine Überqualifizierung (z.B. aufgrund Vielzahl an Branchen- und Unternehmensdiversität, Seniorität, Leistungswille) wertschätzen, ja sogar bewusst suchen. Was beim

Angestellten ein Malus sein kann, ist bei Zeitmanagern ein Bonus.

Es ist eine Binse, dass durchschnittlich qualifizierte Bewerber nur gewöhnliche Ergebnisse liefern können. Erst eine Überqualifikation der Zeitretter erwirtschaftet Ihnen mehr Gegenwert in punkto Transparenz, Kompetenz, Geschwindigkeit, Energie, Rentabilität.

Parallel brauchen Sie keine Unterforderung der Zeitakrobaten fürchten. Im Unterschied zu manchen Angestellten werden diese dadurch nicht demotiviert. Im Gegenteil: Sie freuen sich, immer wieder mit Routine glänzen zu können, ein Danke zu erhalten und Empfehlungen für das nächste Projekt einzuheimsen.

Die Über-Qualifizierung ermöglicht Ihrem Unternehmen einen personellen Vor-sprung. Wie Sie sehr gut wissen, ist in der Vermarktung das Auffallen bei Kunden und Mitarbeitern (Employer Branding) und das Hervorstechen gegenüber der Konkurrenz mittels Unique Selling Proposition (U.S.P.) das ultimative Ziel.

Allerdings sind die vier Ps des Marketing-Mixes oft austauschbar und ausgereizt. Meist trennen sich die Kontrahenten im „cutthroat competition“ mit 1:1 unentschieden.

Wie wäre es beim Marketing-Personal mit einer Beschleunigung auf der Überholspur? Der Siegtreffer zum 2:1 ist relativ einfach … Aus dem „überqualifiziert“ (Ursache) wird so eine „Spieldominanz“ (Wirkung).

Meine Empfehlung: Lieber einen zu 20 % überqualifizierten und unterforderten IM, als einen unter- oder normalqualifizierten und überforderten Kollegen.

Disclaimer: Natürlich ist auch der Schreiberling manchmal geistiger Fußgänger, besitzt keinen Überschalljet und muss sich an Tempolimits halten. Eine 100-prozentige Erfolgsgarantie just in time ist nicht möglich und vollkommen unseriös.

Vorteil Energie

Überzeugte Selbständige identifizieren sich überdurchschnittlich mit ihren häufig spannenden Aufgaben. Sie brennen für den Einsatz. Alles andere können sie löschen ... Die Wahl als Dienst-Leister zu arbeiten und mit Führungs-Kraft zu verstärken, wird buchstäblich interpretiert.

Daher „schaffen“ sie bei Bedarf für ihre „Brötchen- und Sinngeber“ abends auch mal länger. Null problemo. Ist freie Wahl und jeder Jeck ist anders. Streiken ist tabu. Sechs-Tage-Wochen mit effizienten 50 bis 60 Stunden und ohne Feiertage sind nichts Besonderes. Ohne Murren (im Gegenteil), fern von Zuschlägen und jenseits von Betriebsräten.

Auf Tischkicker, kostenlose Getränke, Obstkorb und ständiges Lob können wir verzichten. Wir haben auch so Spaß an unseren Werken. Vor allem die, die ihr Hobby zur Berufung gemacht und ihr warum gefunden haben.

Wenn es mal zäh wird, kleinere Wehwehchen auftauchen und „Quiet Quitter“ und „Low Performer“ Überstunden verweigern, sind wir von der Sorte „Wat mutt, dat muss …“. Das Motto: „Von nix kommt nix“. Umsatzeinbrüche, Shitstorms und „Deadlines“ sind nicht spaßig. Notlagen sind bitterernst und nehmen leider auf Schonhaltung, „Sabbaticals“ und kranke Kinder keinerlei Rücksicht.

Wir glauben an die Naturgesetze und Binsenweisheiten zu fairen Ursache-Wirkungsbeziehungen: Im Gegenwind muss sich der Mensch mehr anstrengen und investieren. Das Gute: Nach dem „erfrischenden und reinigenden Wirbelsturm“ sind antizyklisch investierende Marken nicht nur besser geworden, sondern auch vorne und haben viele Konkurrenten „verblasen“ und hinter sich gelassen.

Interimistisches Verlassen der Komfortzone lässt wachsen. Die spannende „Dehn-Zone“ verschafft häufig einen „Flow“ und die Zeit vergeht wie im Flug. Sollte es mal übers Limit gehen, kann man zwischen den Projekten wieder frische Luft schnappen, um nicht auszubrennen.

Druck und beflügelnder Stress wirkt für die Ehrgeizigen wie eine gespannte Feder. So haben die „Ärmelaufkrempler“ eine ausgeprägte Befriedigung am intervallartigen und spritzigen Wechselspiel von Anspannung und Entspannung. Das Motto: „Work hard, party hard“.

Kundenorientierte Interimer berücksichtigen, dass Mandanten wie z.B. Alleinerziehende häufig andere Lebensentwürfe und Prioritäten wie Kinder und Hobbies haben. Offenkundig ist aber auch, dass die Klienten gerne alles schon gestern erledigt haben wollen. A.S.A.P. aka „As soon as possible“ ist kein Problem. Im Gegenteil, dafür haben Sie uns: begrenzte Kapazitäten, Vakanz, Elternzeitvertretung, Fach-/Führungskräftemangel, Deadline und Krise sind genau unser Spielfeld.

Sie brauchen auch kein schlechtes Gewissen mit der Sorge um „Workaholismus“ und „Work-Life-Balance“ zu haben. Gesunder Schlaf, clevere Ernährung und viel Bewegung sollten Interim Managern heilig sein.

Disclaimer: Natürlich gehört auch der Zeilenurheber zu den Menschen mit Motivationstälern. Übrigens erst gestern noch. Der Leistungssport aber lehrt, dass sich viele Berge bezwingen lassen, wenn der erste Schritt getan ist und wir einfach mal durchziehen, ohne zu jammern. In diesem Sinne geht's zum vierten Argument.

Vorteil Rentabilität

Insbesondere im Marketing ist die Wirtschaftlichkeit ein ewiger Schmerzpunkt, da Marketeers ihren ROI ständig kalkulieren müssen.

Der Einsatz eines Freiberuflers bietet die Chance eines sehr hohen Return on Investment. Ich hab' da mal zwei Fragen …

1. Wussten Sie, dass der Einsatz von Zeitrettern im Schnitt einen RoIM von 6 bringt (vgl. Heuse Studie)? Kurz: Für 1 Euro, den Sie ausgeben, erhalten Sie 6 Euro zurück. Manchmal auch mehr.

2. Wussten Sie, dass das Marketinggenie Steve Jobs auch mal Interim Manager bei Apple war? Da dürfte die Verzinsung noch weitaus höher gelegen haben.

Die Zeitartisten sitzen schnell im Sattel. Damit werden Ihre Engpässe nicht nur flott abgearbeitet, sondern Sie sparen viel Geld. „Laut der Bundesagentur für Arbeit (BA) war eine ausgeschriebene [Anm.: gemeint ist eine Festanstellung] im vergangenen Jahr 145 Tage unbesetzt …, ein Kostenfaktor." (WiWo, S. 16, 20.1.23)

Ein weiteres Plus: Bei uns sind nur *tatsächlich erbrachte* Tage zu honorieren. Gehaltfortzahlung bei Krankheit, Krankfeiern, Urlaub, Feiertag? Fehlanzeige!

Nächstes Plus: Einmal für das Projekt vereinbarte Tagessätze bzw. Entgelte sind fix und perfekt planbar. Erhöhungsforderungen wie bei Angestellten sind ausgeschlossen. Streiks sowieso.

Haben Sie einmal durchgerechnet, wieviel Erlösreduktion eine massive Marken-Krise auslöst? Da schmilzt Ihr Umsatz- und Gewinnberg wie der Schnee in der Sonne. Angesichts solcher schockierenden Erdrutsche lohnt es sich, Risiken professionell managen zu lassen. An die Controller: Die Frage ist nicht, was der Schutz kosten „darf", die Frage ist, was *muss* er uns kosten (vgl. Innenminister Reul)?

In Marken-Krisen kann eine präventive und risikogeschützte Marke vielen Sturmschäden ausweichen. Vorsorge erspart Nachsorge (und verhindert viele Rechnungen und Falten ...).

An die Expansionsleiter: Zudem lassen sich einfach und preiswert Marktanteile gewinnen. Das wäre bei „blauem Himmel" und „Windstille" wesentlich aufwändiger. Externe Markenrisiko-Experten können kurzfristig und schnell als Lotse und *Mitmacher* vor, während und nach dem Orkan unterstützen. Wenn die Schönwettermatrosen der Konkurrenz in Badehose dem Sturm hilflos und zitternd ausgeliefert sind, kann eine vorbereitete Marke ihren Vorsprung ausbauen, aufholen oder überholen. Oft gelingt es starkwinderfahrenen Hochseekapitänen im „Finale", gestrandete Mitsegler als „windzerzaustes Schnäppchen" samt Marktanteilen aufzusammeln (siehe Aufkauf der Credit Suisse durch UBS). Die Krise als nicht wiederkehrende Chance. Günstiger wird es nie wieder.

In vollständiger Rechnung unter Einbezug der Resultate sind die Investitionen in einen Freiberufler relativ gering. Wenn Ihr Marketingbudget also wieder einmal unter Beschuss steht und es eine Schuldenbremse gibt, können Sie durch temporär engagierte Experten Personalkosten sparen.

Die Investition ist auch deshalb so rentabel, weil Sie für Freiberufler keine Sozialabgaben, „Inflationsprämien" und ähnliches zahlen müssen. Sind Sie sich bewusst, was sich in Vollkostenrechnung alles beim „zweiten Gehalt" der Angestellten aufsummiert und die G&V nach unten zieht? Die Liste der Personalzusatzkosten in Deutschland wird Jahr für Jahr länger. 2023 wird sogar die 40-Prozent-Grenze bei den Sozialbeiträgen gerissen. Angesichts eines verantwortungslos immer höher verschuldeten und immer übergriffigeren Staates (plus EU) wird sich diese Situation samt Risiken weiter verschärfen.

Vor allem Gründer sind vom „Schattengehalt" überrascht. Oft werden sie von den dunklen Folgen erdrückt. Manchmal auch ruiniert. Im weltweiten Vergleich haben deutsche Unternehmen mit diesen Extrakosten einen immensen Standortnachteil. So bekommen laut Bundesamt für Statistik (Herbst 2021) in Deutschland neun von zehn Arbeitnehmern Weihnachtsgeld. Im Schnitt 2.677 Euro. Da reiben sich viele Konkurrenznationen die Augen und feiern. Als Faustregel gilt: Der Bruttoverdienst eines Angestellten erhöht sich durch die vollständigen Nebenkosten um ca. 33 Prozent. Tendenz steigend. Mit dem Einsatz eines Solofreiberuflers schützen Sie sich nicht nur, sondern werden auch wettbewerbsfähiger und sparen Kosten.

Statt des Solofreiberuflers könnten Sie alternativ eine freiberufliche Gesellschaft mit einem „Apparat" an Angestellten oder Partnern beauftragen. Allerdings ist das Zusatzkostenproblem wie bei Angestellten dasselbe. Entsprechend müssen die Tagessätze im Vergleich zum Einzelkämpfer höher sein. Aufwendige Verwaltung, schicke Showbüros und Kommunikationsteam haben ihren Preis. Diese Posten sind für Sie fruchtlos, werden aber an Sie durchgereicht und an der Kasse präsentiert. Der Solopreneur hat diese Extrakosten nicht. Deshalb braucht er sie Ihnen auch nicht aufs Auge zu drücken.

Der Einsatz des Einzelkämpfers konzentriert sich auf Ihr Projekt vor Ort oder aus der Ferne. Ein „remote" Anteil reduziert Ihre Kosten noch einmal im Schnitt um 10 bis 15 %. Die Gründe: Die Reise-, Übernachtungs- und Umweltaufwände fallen weg. Verspätungen durch Autostau oder Flug- und Bahnausfall ebenfalls.

Acht zusätzliche Spar- und Flexibilitätsargumente:

1. Headhunter Provisionen für das teure Finden von Angestellten sind überflüssig. Die Cost-per-Hire (CPH) sinken.

2. Projekterfolg müssen Sie bei den „Vollendern" ex post nicht wie bei Angestellten mit teuren Beförderungen erkaufen.

3. Lange „Onboarding"-Zeiten der Angestellten mit mühsamem internen Netzwerkaufbau und Kulturassimilation sind unproduktiv. Ein externer interimistischer „Schnellstarter" erspart Ihnen Zeitverlust und Kosten.

4. Makler- bzw. Providerkosten entfallen bei Direktansprache.

5. Weiterbildungskosten für Sie sind obsolet. Die Kosten gehen auf Kappe der Interimer.

6. Die Bürokratie der Spesenabrechnungen und die Administrationslast der Reiseorganisation wird Ihnen auf Wunsch mit einem „all-in-Tagessatz" abgenommen.

7. Abfindungen müssen Sie nicht bezahlen.

8. Eine teure Freistellung erübrigt sich: Überzeugte Freiberufler lassen sich zwar gerne einbinden, aber per se nie fesseln.

Disclaimer: 1. Nicht alle Marketingerfolge lassen sich numerisch beziffern und abrechnen. 2. Auch die Besten der Freiberuflerspezies sind wie Lieschen Müller mit Schwächen ausgestattet. „Regenmacher“ finden Sie – wenn überhaupt – nur auf einem anderen Planeten.

Tipps, was Sie mental und motivatorisch vom Leistungssport lernen können

Risiko-Controlling beschreibe ich in meinen Marketingcontrolling Seminaren als eine Form des Wissensmanagements. Vereinfacht formuliert: Die Beteiligten suchen dabei in der Selbst- und Fremdführung nach fachlichen und persönlichen Lektionen und kontinuierlicher Verbesserung, um gestärkt und abwehrbereit in die nächste Periode zu starten.

Der Leistungssport ist in Hinblick auf Mental- und Motivationstraining für den Marketeer aus zwei Gründen vergleichbar und eignet sich als Benchmarking-Objekt in der psychologischen und handelnden Selbst- und Fremdführung.

Grund 1: Einerseits liegt es in der Natur des Sports, ständig nach Potenzialen zu suchen und mit Risiken umzugehen.

Grund 2: Andererseits sind viele Tugenden des Leistungssports sowohl eine sehr gute Charakterschule als auch eine anstrebenswerte Haltung, um sich im Umgang mit Widerständen, Risiken und Krisen zu wappnen.

Warum? Berücksichtigen Sie einerseits, dass viele Marken-Risiken in den mentalen Schwächen der Beteiligten begründet sind (z.B. Selbstüberschätzung, Gier, Prokrastination). Andererseits fordern VUCA-Welt und multiple Krisen uns sehr stark heraus. Wer am Thema Persönlichkeit mit den Tugenden und mentalen Trainingstechniken des Sports ansetzt und Beteiligte entsprechend auswählt und aus- und weiterbildet, kann Defizite ausgleichen und die persönliche und markenbezogene Resilienz enorm verstärken.

Kein Wunder, dass auch viele Marken im Rahmen des Sport Sponsorings die Nähe zu diesen ehrenhaften Tugenden und den passenden Grenzgängern suchen.

Zudem lassen sich die Kernwerte als hilfreiche Messlatte für die dreidimensionale Marketeer-Rolle als Menschenführer, Markenwärter und Kundenversteher nutzen. Sie helfen bei der mental-motivationalen Selbst- und Fremdführung, geben nötigen Anstoß und ermöglichen in Drucksituationen eine gesunde Gelassenheit.

Wer diese Überzeugungen übernimmt, verinnerlicht und regelmäßig anwendet, profitiert. Mit diesen „Sherpas“ können Sie manchen „Projekt Everest“ erklimmen, „unpassende“ Emotionen meistern und in kritischen Situationen relativ entspannt bleiben. Im Idealfall liefern sie Inspirationen, Trittsteine und Startrampen, um trotz oder wegen schlechter Umstände, vieler Krisen und großer Risiken zum Champion und zur *Leuchtmarke* zu werden und diese Position zu verteidigen. Wieder und wieder und wieder.

Randbemerkung: Nach meiner Meinung sind alle Menschen vorbildlich, die auf ihrer Reise lebenslang aus den Umständen das Größtmögliche herausholen. Egal wo. Dazu müssen wir weder Twen sein, noch über seltene Gene verfügen. Manche der relativ talentfreien, aber tatkräftigen und willensstarken „Otto

Normalverbraucher“ bewundere ich mehr als die supertalentierten Stars im Rampenlicht.

Goldene Tugend „Anstrengen“:

Sind Sie Illusionist oder Realist?

Erkenntnis und Startrampe: Jeder Erfolg (z.B. Risikoreduktion) fordert seinen Tribut: Blut, Schweiß und Tränen sind für ein sehr gutes Ergebnis nicht zu vermeiden.

Da können „New Work“-Fans und Instagram-Gurus/YouTube-Influencer noch so viel träumen, trommeln und das süße Paradies versprechen. Der anstrengungslose, sensationelle Erfolg in drei Tagen ist ein Märchen oder nicht von Dauer. Schlagen Sie sich und Ihren Mitarbeitern solche Flausen aus dem Kopf. Zudem fehlt das laaaangfristige Fundament für eine Wiederholung. Bedenken Sie auch: Ohne Anstrengung kein Stolz, keine Dankbarkeit und kein Glücksgefühl.

Wahre Erfolge sind mit ihren Ursachenmustern wie bei selbstähnlichen Marken samt DNA-Code reproduzierbar. Sie können nur durch kontinuierliches, monotones und fleißiges Wiederholen bewährter Erfolgsmuster entstehen. Das können wir uns z.B. von Triathlon-Weltmeistern und Olympiasiegern abschauen. Woche für Woche, Jahr für Jahr trainieren sie ca. 30 Stunden pro Woche (20 Kilometer Schwimmen, 400 Kilometer Rad, 100 Kilometer Laufen) und satteln das Mentaltraining noch oben drauf. Umrahmt von sehr diszipliniertem, vollständig auf die Ziele ausgerichtetem Lebensstil. Wer im Pool morgens um 5.30 Uhr seine Intervalle abreißt und dann noch zwei Einheiten vor sich hat, lernt, mit seiner Zeit zu haushalten.

Fallen Sie nicht auf das Trommeln der Faulen und die Versuchungen der Verführer herein. Das Naturgesetz von Ursache und Wirkung war und wird niemals auszuhebeln sein: Erfolg kommt von tun bzw. er-folgen. Was nicht erfolgt, bringt keine Früchte.

Lichtblick 51: Seien Sie und Ihr Team realistisch: Gute Ideen resultieren aus 1 % Inspiration und 99 % Transpiration (vgl. Edison). Nicht umgekehrt.

Champions und *Leuchtmarken* orientieren sich an Eisbergen. Mit ihrem „Tiefgang“ haben sie zwei Lehren im Rucksack, den jeder mal tragen sollte …

Zum einen lehren uns diese frostigen Inseln – nicht erst seit der Titanic … physisch und metaphorisch, dass sie riskant sind.

Zum anderen verdeutlichen Eisberge, dass

a. Risiken nur durch vorausschauende und tiefblickende Abwehr zu vermeiden sind und

b. fundamentaler und sichtbar Erfolg an der Wasseroberfläche nur durch konsequentes Anstrengen im Hinter- bzw. Untergrund verursacht wird.

Was alle sehen, sind die Erfolge.

Was wenige sehen: Planung, schlaflose Nächte, Konflikte, Kritik, Opfer, Schweiß, Tränen, Zweifel.

Was keiner sieht: Verzicht, Disziplin, Ausdauer, Ablehnung, Training und nochmals Training.

Goldene Tugend „Durchziehen“:

Was trennt den Sieger vom Verlierer?

Erkenntnis und Startrampe: Champions und Leuchtmarken meistern das (vorübergehende) Scheitern, indem Sie nicht aufgeben. Verlierer hören auf, wenn sie scheitern. Champions stellen sich den Niederlagen, Ängsten und Risiken. „It hurts more to lose“ ist z.B. die Einstellung (Mindset) des extrem hart trainierenden Triathlon-Olympiasiegers.

Mit der Mentaltechnik des „Fake it, until you make it“ helfen sich solche Persönlichkeiten mit einer Prise an Selbstbetrug und Hypnose durch viele Täler. Menschen mit dieser Dranbleiben-Mentalität beißen sich wie ein Terrier und mit voller Konzentration an einem sportlichen oder beruflichen Projekt fest.

Kämpfer sind *Leuchtmarken*: Wie Briefmarken bleiben sie kleben, bis sie am Ziel sind. Fokus statt Verzettelung durch Multitasking. Fördern und fordern Sie die „Projektbeißer“. Machen Sie sich und Ihren Mitarbeitern (und Kindern und Enkelkindern) klar: Nicht das Beginnen der vielen wird belohnt, sondern das Durchhalten der wenigen.

Was halten Sie davon, den Wert unserer „Kreationen“ und „Medaillen“ daran zu messen, was und wieviel wir investieren mussten, um sie zu materialisieren? Je mehr Investition, desto wertvoller das Ergebnis. Je mehr Investition, desto glücklicher sind Sie über den Output. Je mehr Investition, desto widerstandsfähiger sind Sie für das nächste Projekt.

Noch ein paar Inspirationen gefällig?

Lichtblick 52: Langfristig werden fleißige Trainierer und kluge Lerner (zumindest) mit Stolz- und Glücksgefühlen belohnt.

Lichtblick 53: Das Mantra „Ich! Kann! Das!“ ist Ihre perfekte Welle auf dem Weg zur Ziellinie.

Lichtblick 54: Nur Verlierer bleiben liegen. Aufgeber siegen nicht. „Aufgeben wird aufgegeben“. Champions geben nicht auf. Geben Sie alles – nur *nicht, nie, niemals auf.*

Lichtblick 55: Champions scheitern so lange, bis sie erfolgreich sind. Eigentlich verlieren sie nie wirklich. Ihre Einstellung: Entweder sie *gewinnen* oder sie *lernen.*

Lichtblick 56: Ziehen Sie Ihr Projekt durch, komme, was wolle. „See you at the finishline“!

Dazu mein Lieblingsvers aus der Heiligen Schrift: „…doch die, die auf den Herrn warten, gewinnen neue Kraft. Sie schwingen sich nach oben wie die Adler. Sie laufen schnell, ohne zu ermüden. Sie gehen und werden nicht matt.“ (Bibel, Jesaja 41, 31).

Goldene Tugend „Strecken“

Wie kommen wir auf ein höheres Niveau?

Erkenntnis und Startrampe: Meister haben gelernt, sich mit Risiken und Unangenehmen zu arrangieren, Druck als angenehmes Privileg willkommen zu heißen („Become comfortable in being uncomfortable“) und Grenzen zu verschieben.

„Die extra Meile“ im Triathlon zeigt sich,

- indem sich Athleten und Para-Athleten mutig größten Herausforderungen stellen, immense Trainings Pensen bewältigen und eine fast unmenschliche Widerstandsfähigkeit beweisen. So gewann Chelsea Sodaro nur 18 Monate nach ihrer Mutterschaft die Weltmeisterschaft in Hawaii. Das ist nur mit einer entsprechenden Einstellung nach dem Ironman Marken-Claim „Anything is possible“ möglich.

- indem eine Verbandsmarke wie die Professional Triathletes Organisation den Spitzensportlern mit innovativen Mediendarstellungen und ungekannten Einkommensmöglichkeiten eine lukrative Welt für Personal Branding eröffnet.

- indem eine Veranstaltermarke wie Mana Sports mit ihren Athleten Bestmarken wie „Sub 7/8h“ pulverisieren [Anmerkung: Endzeit über 3,8 Kilometer Swim, 180 Kilometer Bike, 42 Kilometer Run bei Männern und Frauen].

- indem die Veranstaltermarke Super League Triathlon mitten in der Coronakrise eine völlig neue E-Sport-Rennserie erfindet und damit das Überleben des Unternehmens sichert.

- indem Technologiemarken die Leistungslimits mit Produkt Revolutionen (Räder, Neoprenanzüge, Laufschuhe) verschieben und historische Preispunkte überschreiten, die eigentlich als unverrückbar galten.

Selbst- und Fremdführung als Sportler oder Marketeer sind oft mühsam, manchmal schmerzhaft. Ich erlebte und bewies immer wieder, dass sich das mehrfach lohnt. Durch viele Streckübungen müssen wir wortwörtlich durch, um auf der anderen Seite des „Tunnels“ gestählt und glücklich herauszukommen.

Lichtblick 57: Champions und *Leuchtmarken* wissen, dass nur außerhalb der Komfortzone Pokale produziert und neue Meilensteine eingerammt werden. Erfolg ist eine steile Treppe. Keine Tür!

Nur wer sich geistig und körperlich in die Dehnzone wagt, kann das physiologische und psychologische Prinzip der Superkompensation nutzen.

Nur der Sportler, der ein Intervall mehr, zehn Watt plus oder den zusätzlichen Kilometer absolviert, schiebt sich nach vorne.

Nur der Marketer, der die smarte extra Meile investiert, kann sich von seiner Marken- und Karrierekonkurrenz abheben.

Nur wer die Couch verlässt, erfährt, wozu er in der Lage ist, wird die beste Version seiner selbst, spürt tiefe Befriedigung und darf stolz auf sich sein. Wäre es nicht riskant, sich diesen prickelnden und vibrierenden Hochgenuss vorzuenthalten? „Arbeiten“ Sie noch oder sind Sie schon im „Flow“?

Bis hierhin klingen die Tugenden vermutlich für manche Leser zu beschwerlich. Was halten Sie von folgenden Appetithäppchen?

Lichtblick 58: Es gibt auch eine lächelnde Seite der Medaille. Hierbei belohnt eine positiv süchtig machende Überwindungsprämie namens Glückshormon Dopamin. Übrigens gibt es eine große Anzahl an Sportlern, die sich nur so viel bewegen, weil sie dadurch einen sehr effizienten Stoffwechsel bekommen und mehr essen dürfen.

Lichtblick 59 erhöht Ihre Lebens- und Arbeitszufriedenheit: Wer seine beruflichen und sportlichen Grenzen auslotet, spürt das faszinierende taoistische Leben im ständigen Wechsel von Spannung und Entspannung wunderbar intensiv. So können Sie nicht nur am Wochenende und im Urlaub erfüllt und mit sich im Reinen sein. Das kann man jeden Tag haben. Wie wär's?

Lichtblick 60: Viele positive Leistungssport-Routinen können Sie als Breitensportler oder ganz ohne Sport für Ihre Leistungsfähigkeit und Ihr Wohlbefinden nutzen.

Insbesondere bei großer Verantwortung und viel Zeiteinsatz sind diese Regelmäßigkeiten von großem Wert und tragen sehr zentral zur Lebens- und Arbeitsfreude im Rahmen der „Work-Life-Balance" bei. Ohne Routinen ließen sich Meetingmarathons, hochintensive Krisensituationen und interkontinentale Projekte mit langen Flugreisen, Klimawechsel und Jetlag nicht gesund durchstehen. Mit schlauen Gewohnheiten dagegen lassen sich nicht nur etwaige Überlastungsrisiken umgehen, sondern Spaß und Genuss an abwechslungsreichen „Abenteuern" steigen.

Berücksichtigen Sie, dass wir letztlich alle das Ergebnis unserer schlechten (Risiko) und guten Gewohnheiten sind. Das Prinzip: Je mehr gute Gewohnheiten wir haben, desto leistungsfähiger, gesünder und glücklicher sind wir. Welche Variante wählen Sie?

Zu den wichtigsten guten Routinen, die wir zur Produktion von Glückshormonen übernehmen können, zählt die folgende Checkliste: Guter Schlaf, frische Luft, Bewegung, Meditation, gesundheitsorientierte Ernährung, ausgewogene Lichtexposition, Kälteanwendungen, Sauna, nasale Zwerchfellatmung, normales Gewicht, Geselligkeit, Positivaffirmationen, Weiterbildung.

Einmal ist keinmal. Nur die Wiederholung bzw. das konsistente Durchziehen führt zur Routine und Meisterschaft. Nach etwa 30 Tagen Übung wird das neue Verhalten so natürlich, erfrischend und gesundheitsförderlich wie das Zähneputzen mit der „fruchtigen" Zahnpasta mit Minze Duft. Na ja, oder so ähnlich …

Ständige Verbesserungen

„Immer versucht. Immer gescheitert. Einerlei. Wieder versuchen. Wieder scheitern. Besser scheitern" (Samuel Beckett).

Ein Risiko-Management-System ist aufgrund des kontinuierlichen Wandels der internen und externen Rahmenbedingungen ein lernendes Wissenssystem. Es sollte ständig angepasst und verbessert werden. Das Motto: „Schnell nach vorne scheitern" (To fail forward. Hopefully fast!). Insbesondere bei der Einführung dieses Verfahrens.

Nach jedem Abschnitt sollten sich die Manager und Mitarbeiter zwei Fragen stellen:

1. Was habe ich gelernt?

2. Wie kann ich Risiken künftig noch besser begegnen?

Bleiben Sie bei den Antworten und Aktionen aber realistisch. Verfallen Sie nicht dem riskanten Trugschluss, Risiken vollständig beherrschen zu können. Insbesondere kurz nach der Einführung eines solchen Systems. Perfektion ist illusorisch, Perfektionismus schädlich. Ein Managen und kontinuierliches Lernen dagegen möglich.

Rückblick (Executive Summary)

In der vierten und letzten Führungsphase besteht die Aufgabe darin, die tatsächliche Risikoposition mit der erwünschten Risikoposition zu vergleichen und Verbesserungsansätze aufzuspüren. Dazu gibt es sechs bewährte Werkzeuge. Auf diese Weise lässt sich die Wirksamkeit der prophylaktischen und abmindernden Instrumente und Maßnahmen überprüfen. Entdeckt der „Marken-Wärter", dass Grenzwerte der Risiko-Indikatoren überschritten werden, kann er gegensteuern.

Ausgezeichnete Interim Manager überbrücken nicht nur Vakanzen und liefern Kompetenz, sondern sorgen für Transparenz und Licht. Als „Rumgereiste" sind sie in der Lage, ohne Betriebsblindheit über den Tellerrand zu schauen. Tacheles zu reden, gehört zu ihren Privilegien. Sie müssen keine Rücksicht auf Chefs und Kollegen nehmen. Selbständige lechzen nicht nach Beförderung. Sie unterliegen keinen Denk- und Sprachregeln.

Ein zweites Plus ist ihre Geschwindigkeit. Mit sehr langjähriger Erfahrung haben Zeitprofis Routinen entwickelt und können Projekte schnell abwickeln.

Zusätzliche Energie kann wohl jeder gebrauchen, oder? Überzeugte Selbständige identifizieren sich überdurchschnittlich mit ihren häufig spannenden Aufgaben. Die Wahl als Dienst-Leister zu arbeiten und mit Führungs-Kraft zu verstärken, interpretieren wir buchstäblich. Daher „schaffen" wir bei Bedarf für unsere „Brötchen- und Sinngeber" abends auch mal länger. Null problemo.

Der vierte Hauptvorteil ist ihre Rentabilität. Rechnen Sie einmal durch, wieviel Umsatzreduktion eine massive Markenkrise bedeuten kann.

Demgegenüber stehen die relativ geringen Investitionen in einen temporär engagierten Freiberufler. Bei ihr oder ihm sind nur tatsächlich erbrachte Tage zu honorieren. Kurz: Der Einsatz eines Freiberuflers bietet die Chance eines sehr hohen Return on Investment.

Finale

Erfolgreiche Marketing Manager denken und handeln zweidimensional: Einerseits ergreifen sie Chancen, andererseits packen Sie Risiken frühzeitig an und „attackieren“ sie.

Beides sollte nicht Väterchen Zufall überlassen werden. Stattdessen empfiehlt sich ein strukturiertes und wohl durchdachtes Vorgehen. Für die Gefahren existiert ein proprietäres, branchen- und unternehmensübergreifendes Marken-Risiko-Management-Verfahren des Verfassers.

Fazit:

Nichts ist so wichtig wie führen. Sowohl sich selbst als auch andere(s).

Sie sind entweder ohnmächtiges Opfer (geführt und attackiert) oder Sie stellen sich Ihren Risiken mutig entgegen. Sie haben die Wahl.

Leuchtende Wünsche für eine felsenfeste Markenreise!

Der Herausgeber

Dr. Harald Schönfeld, Diplom-Volkswirt, Universität Trier. Post-Graduate Zusatzstudium zum Thema „Innovationsmanagement“, Technische Universität Berlin. Promotion in Wirtschafts- und Sozialwissenschaften (Dr. rer. soc. oec.), Wirtschaftsuniversität Wien.

Nach dem Studium Karriere als angestellter Manager: Positionen im Marketing und Vertrieb, vor allem in großen, international tätigen Konzernen, insbesondere im Health Care-Bereich.

Der Herausgeber Dr. Harald Schönfeld gilt als langjähriger Insider und gut vernetzter Szene-Kenner im Markt für Interim Management der DACH-Region (Deutschland, Österreich, Schweiz). Er verfügt über rund 20 Jahre Erfahrung im Interim-Geschäft. Er war mehrere Jahre Vorstandsmitglied des AIMP (Arbeitskreis Interim Management Provider (www.aimp.de), ist Buchautor, Moderator und gesuchter Redner bei Fachtagungen und Schulungen zum Thema Interim Management.

Dr. Harald Schönfeld ist gemeinsam mit Jürgen Becker Gründer (2017) und Geschäftsführer der United Interim GmbH (www.unitedinterim.com), der führenden Online-Plattform für Interim Management in der DACH-Region.

United Interim ist der einzige Anbieter im Interim-Business mit Services für Unternehmen, Interim Manager, Interim-Provider sowie ausgewählte Drittanbieter, die Leistungen für Interim

Manager anbieten. Als Business-Ökosystem hebt diese digitale „4-sided-platform“ in offener und nicht proprietärer Weise bislang ungenutzte Synergien im Markt.

Dr. Harald Schönfeld hält Vorträge, unter anderem als Keynote-Speaker, leitet Fachkonferenzen und ist Autor und Herausgeber mehrerer Fachbücher im Bereich Interim Management, unter anderem des Standardwerkes „Karriere-Handbuch für Interim Manager “ (zusammen mit Prof. Dr. Günther Singer und Jürgen Becker).

Ebenfalls ist er Herausgeber (teilweise zusammen mit Jürgen Becker) der Fachbuchreihe „Von Interim Managern lernen“. Er ist aktives Mitglied und Autor im globalen Think Tank Diplomatic Council (DC) mit Beraterstatus bei den Vereinten Nationen (UNO). Seit 2022 ist er Dozent für Interim Management an der Steinbeis Augsburg Business School.

Der Autor

Industriekaufmann (IHK) und Dipl. Betriebswirt (FH) **Jochen J. Schmahl** ist freiberuflicher Unternehmensberater und Interim-Manager (BrandRelationship Consulting) mit ausgeprägter (seit 1988) und spezialisierter Berufserfahrung in seiner Leidenschaft Marketing.

Seine Vermarktungsexpertise speist sich aus beraterischen und interimistischen Tätigkeiten in 30 Branchen, 40 Unternehmen und 127 Marketingprojekten. Zusätzlich hat er als Seminarleiter und Dozent über 265 Marketing- und Consulting-Trainings für Unternehmen wie Bayer und Vodafone und diverse Hochschulen im Rahmen von MBA-, Diplom- und Bachelor-Programmen mit mehr als 5.000 Teilnehmern durchgeführt.

Dazu gehört die Publikation von 14 Marketingbeiträgen. Er ist aktives Mitglied und Autor in der globalen Denkfabrik Diplomatic Council (DC) mit Beraterstatus bei den Vereinten Nationen (UN). Als Sportler hat er 179 Ausdauerwettkämpfe absolviert.

Der Marketingexperte leitete auf der 1. und 2. Führungsebene in den Unternehmensberatungen BBDO Consulting und Abels & Grey Strategy Advisors Marketingprojekte für Mandanten wie Allianz, Aon und Bayer. Zuvor sammelte er auf Klienten- und Agenturseite Marketingwissen bei Mars Group, Mercedes-Benz, RTS Rieger Team und 3M.

Nach seiner abgeschlossenen kaufmännischen Ausbildung im Vertrieb absolvierte der Markenspezialist an der FHW Pforzheim und an der Leeds Metropolitan University (GB) in Vollzeit ein staatliches und diplomiertes Betriebswirtschaftsstudium mit Schwerpunkt Absatzwirtschaft.

Veröffentlichungen des Autors

Weitere Marketing-Publikationen des Autors (von A-Z in alphabetischer Titelfolge):

Schmahl, J.J.: **Customer - Relationship -Marketing - Konzeption** als Fundament für erfolgreiches Vertriebs-Management in Pepels (Editor): Vertrieb, Symposion 2007

Sengpiehl, J., Schmahl, J.J.: **Customer-Relationship-Management** in Pepels (Editor): Handbuch Vertrieb, Hanser, S. 11 – 29, 2002

Schmahl, J.J., Spitz, Y.M.: **Implementierungs-Audit des Kunden-Wissens-Management im Vertrieb** in Pepels (Editor): Vertrieb, Symposion 2007 und in Albers/Haßmann/Tomczak: Digitale. Fachbibliothek Vertrieb, Symposion 2007

Schmahl, J.J., Papiorek, N. (Sparkasse): **Integriertes Kommunikations-Management im Unternehmenswandel** in FOM-Beiträge zur Wirtschaftspraxis, 2006

Schmahl, J.J., Urbanek, S. (ARAL): **Internet-based talent relationship management in the context of human resource marketing** in FOM-Beiträge zur Wirtschaftspraxis, 2006

Schmahl, J.J.: **Konzeption des CRM** in Pepels (Editor): Vertriebsleiterhandbuch, Symposion, 3. Auflage 2013

Schmahl, J.J.: **Marken-Beziehungs-Controlling** mittels Scorecard in Pepels (Editor): Erfolgsfaktor Marketing-Controlling, S. 249-287, Symposion, 2. Auflage 2013,

Schmahl, J.J.: **Marken-Controlling** in Pepels (Editor): Marketing-Controlling-Kompetenz, S. 57 - 82 Erich Schmidt Verlag, 2003

Schmahl, J.J., Birkenkamp, M: **Marken- & kundenorientierte Personalführung: Instrumente** in Muth/Weidner/Zehetbauer (Editor): Digitale Fachbibliothek Unternehmenskommunikation, Symposion, 2008

Schmahl, J.J., Birkenkamp, M.: **Marken- und Kundenorientierung bei Mitarbeitern steigern** in Muth/Weidner/Zehetbauer (Editor): Digitale Fachbibliothek Unternehmenskommunikation, Symposion, 2008

Schmahl, J.J.: **Marken-Risiko-Management-System im Vertrieb** in Pepels (Editor): Vertrieb, Symposion, 2007 und in Muth/Weidner/Zehetbauer (Editor): Digitale Fachbibliothek Unternehmenskommunikation, Symposion, 2007

Schmahl, J.J.: **Marketing-Referent**, ca. 700 Seiten, fortlaufender Fernlehrgang Studienwelt Laudius, 2010-2023

Schmahl, J.J., Birkenkamp, M.: **Stellenprofile** in Knauth/Wollert (Editor): Digitale Fachbibliothek HR Management, Symposion, 2007

Kontakt zum Autor

Dipl. Betriebswirt (FH) Jochen J. Schmahl
Leuchtturm Fleher Sand
Rheinkilometer 734,4
Strandweg 2
41468 Neuss

Tel: +49 (0) 21 31/ 36 4000
Mobil: +49 (0) 162/ 8 66 21 43

Emails:
leuchtmarke-schmahl@email.de
leuchtausdauermarke-schmahl@email.de

Websites:
leuchtmarke-schmahl.expert
leuchtausdauermarke-schmahl.expert

Bücher im DC Verlag

Besondere Empfehlung für alle Interim Manager

Karriere-Handbuch für Interim Manager – Ein systematischer Leitfaden zum Erfolg als Freelancer im Management, Jürgen Becker, Dr. Harald Schönfeld, Prof. Dr. Günther Singer, 448 Seiten, Hardcover, ISBN 978-3-98674-042-9

Fachbücher „Von Interim Managern lernen"

Das Diplomatic Council (DC) veröffentlicht gemeinsam mit United Interim (UI) die Fachbuchreihe „Von Interim Managern lernen" mit dem UI-Gründer und Geschäftsführer Dr. Harald Schönfeld als Herausgeber. Die Buchreihe wird kontinuierlich um neue Themen erweitert. Bislang sind folgende Bücher erschienen:

Interim Manager berichten aus der Praxis: Automotive, Reihe „Von Interim Managern lernen", Jürgen Becker, Ulf Camehn, Ludek Cermak, Hanno Goffin, Ralf-Peter Hanrieder, Dr. Dr. Stefan Hohberger, Andreas Kälber, Dr. Gerhard Müller-Spanka, Frank P. Neuhaus, Christine Pfisterer, Christian Ritzer, Dr. Harald Schönfeld, Jane Enny van Lambalgen, 404 Seiten, Paperback, ISBN 978-3-947818-29-7

Interim Manager berichten aus der Praxis: Maschinen- und Anlagenbau, Reihe „Von Interim Managern lernen", Jürgen Becker, Eckhart Hilgenstock, Falk Janotta, Peter Lüthi, Hans-Rolf Niehues, Manfred Richter, Dr. Harald Schönfeld, Dr. Uwe Seidel, Götz Stapelfeldt, Michael Weimar, 312 Seiten, Paperback, ISBN 978-3-947818-75-4

Interim Manager berichten aus der Praxis: Business Transformation, Reihe „Von Interim Managern lernen“, Dr. Bodo Antonić, Jürgen Becker, Udo Fichtner, Rudi Grebner, Michael Gutowski, Lothar Hiese, Eckhart Hilgenstock, Falk Janotta, Kirsten Klomfass, Stefan Löffler, Susanne Möcks-Carone, Manfred Richter, Dr. Harald Schönfeld, Rolf Marcus Schuss, Rainer Simko, Dr. Detlef Weber, 512 Seiten, Paperback, ISBN 978-3-98674-009-2

Marketing- und Sales-Intelligenz im Maschinen- und Anlagenbau, Eckhart Hilgenstock, 76 Seiten, Paperback, ISBN 978-3-98674-020-7

Technischer Einkauf im Maschinen- und Anlagenbau, Manfred Richter, 84 Seiten, Paperback, ISBN 978-3-98674-018-4

Verhandlungen in der Automobilindustrie, Hanno Goffin, Andreas Jüstel, 216 Seiten, Paperback, ISBN 978-3-98674-036-8

Management in China – Geschäftsentwicklung, Restrukturierung, Einkauf, Vertrieb, Fertigung, Logistik, Standortwahl, Qualitätsmanagement, Karlheinz Zuerl, 180 Seiten, Paperback, ISBN 978-3-98674-063-4

Marken-Risiko-Management – Brand-Gefahren: Feuer vermeiden und löschen, Jochen J. Schmahl, 192 Seiten, Paperback, ISBN 978-3-98674-069-6

Darüber hinaus sind im Verlag des Diplomatic Council die auf den folgenden Seiten aufgeführten Sachbücher erschienen. Der Verlag ist neuen Autoren gegenüber aufgeschlossen.

Sachbücher

Stasi 2.0 – Wie wir durch den staatlich-industriellen Digitalkomplex zu gläsernen Bürgern werden und was das für unsere Zukunft bedeutet. 2. aktualisierte Auflage, Andreas Dripke, Markus Miksch, 444 Seiten, ISBN 978-3-947818-05-1

Mein Atomknopf ist größer – America vs. North Korea. Jamal Qaiser, 184 Seiten, Paperback, ISBN 978-3-947818-01-3

Rechtsruck – Wie das Wiedererstarken des Nationalismus Deutschland in die Katastrophe führt. Anonyme Autoren, 660 Seiten, Paperback, ISBN 978-3-947818-06-8

Pandemie – Die Welt im Corona-Krieg, 2. aktualisierte Auflage, Andreas Dripke, Markus Miksch, 148 Seiten, Paperback, ISBN 978-3-947818-13-6

Covid-19 Falsche Pandemie – Die fatalen Fehler der WHO und ihre verhängnisvollen Folgen. Jamal Qaiser, Markus Miksch, 234 Seiten, Paperback, ISNB 978-3-947818-15-0

75 Jahre UNO – Macht und Ohnmacht der Vereinten Nationen. Andreas Dripke, Hang Nguyen, 330 Seiten, Paperback, ISBN 978-3-947818-07-5

Die Dekade 2020-2030 – Das kommt auf uns zu!, Andreas Dripke, Hang Nguyen, 362 Seiten, ISBN 978-3-947818-17-4

Corona und Impfen, Andreas Dripke et al., 188 Seiten, ISBN 978-3-947818-18-1

Hacker – Angriff auf unsere Computer-Zivilisation, Anonyme Autoren, 432 Seiten, ISBN 978-3-947818-23-5

Künstliche Intelligenz (KI) – Wir werden gedacht, Dr. Horst Walther, Andreas Dripke, 250 Seiten, ISBN 978-3-947818-25-9

Migration nach Europa – Wir schaffen das und die Folgen, Anonyme Autoren, 510 Seiten, Paperback, ISBN 978-3-947818-32-7

Auto – Vom Diesel-Desaster bis zum selbstfahrenden E-Auto, Autorengemeinschaft Diplomatic Council, 572 Seiten, Paperback, ISBN 978-3-947818-09-9

Digitale Disruption – Alles wird anders, Andreas Dripke et al., 216 Seiten, Paperback, ISBN 978-3-947818-34-1

Welt ohne Bargeld – Bitcoin und andere Kryptowährungen, Andreas Dripke, Stephanie Stoerk, 176 Seiten, Paperback, ISBN 978-3-947818-41-9

Die biometrische Vermessung der Menschheit, Andreas Dripke et al., 212 Seiten, Paperback, ISBN 978-3-947818-39-6

Apple Car – Wie der iKonzern das Auto neu erfindet, Andreas Dripke et al., 284 Seiten, Paperback, ISBN 978-3-94-7818-43-3

Der Wahn mit dem Datenschutz, Marc Ruberg et al., 136 Seiten, Paperback, ISBN 978-3-947818-51-8

Die Apple Agenda – Welche Märkte der iKonzern künftig revolutionieren wird, Andreas Dripke et al., 260 Seiten, Paperback, ISBN 978-3-947818-47-1

Hilfe, wir werden gechippt! – Vom Mikrochip unter der Haut bis zum Hirnschrittmacher, Andreas Dripke et al., 176 Seiten, Paperback, ISBN 978-3-947818-55-6

Cyber War – Die digitale Bedrohung, Marc Ruberg et al., 244 Seiten, Paperback, ISBN 978-3-947818-45-7

Inside WHO – Analyse der World Health Organization (WHO) und ihres Chefs Dr. Tedros Adhanom Ghebreyesus, Andreas Dripke et al., 124 Seiten, Paperback, ISBN 978-3-947818-27-3

2045 – Das Jahr, in dem die Künstliche Intelligenz schlauer wird als der Mensch, Andreas Dripke, Dr. Horst Walther, 104 Seiten, ISBN 978-3-947818-57-0

Der digitale Euro kommt – Fakten, Analysen, Hintergründe, Andreas Dripke, Stephanie Stoerk, 232 Seiten, Paperback, ISBN 978-3-947818-61-7

Denken 5.0 – Was die klügsten Köpfe eines globalen Think Tank über unsere Zukunft denken; Andreas Dripke, Claude Piel, Detlef Schmuck, Dr. Harald Schönfeld, Helmut von Siedmogrodzki, Stephanie Stoerk, Dr. Horst Walther; 292 Seiten, Paperback, ISBN 978-3-94-7818-36-5

Digitale Identität – Unser Zwilling im Datennetz, Andreas Dripke et al. 164 Seiten, Paperback, ISBN 978-3-947818-53-2

Ewige Pandemie – Freiheit ade, Andreas Dripke, Markus Miksch, 204 Seiten, Paperback, ISBN 978-3-947818-59-4

Der Dritte Weltkrieg – Das Undenkbare denken, die deutsche Ausgabe von „How to avoid World War III“, Hang Nguyen, Jamal Qaiser, 216 Seiten, Paperback, ISBN 978-3-947818-67-9

Auto ohne Lenkrad – Das selbstfahrende Auto steht vor der Tür, Patrick Dripke, Thomas Gronenthal, 140 Seiten, Paperback, ISBN 978-3-947818-79-2

Roboter im Alltag – Maschinen (beinahe) wie Menschen, Andreas Dripke, 176 Seiten, Paperback, ISBN 978-3-947818-71-6

Irrfahrt E-Auto – Abgesang auf die deutsche Autoindustrie, Thomas Gronenthal et al., 212 Seiten, Paperback, ISBN 978-3-947818-81-5

China versus USA – Kampf um die Vorherrschaft, Dr. Horst Walther et al., 280 Seiten, Paperback, ISBN 978-3-947818-63-1

Krieg in Europa – Unser schlimmster Albtraum, Andreas Dripke, Hang Nguyen, Jamal Qaiser, Dr. Horst Walther, 260 Seiten, Paperback, ISBN 978-3-98674-026-9

Kampf ums Wasser – Die Herausforderung des 21. Jahrhunderts, Claude Piel, 380 Seiten, Paperback, ISBN 978-3-98674-024-5

Asyl – Flucht ins Paradies, Hang Nguyen, 220 Seiten, Paperback, ISBN 978-3-98674-012-2

Das Internet der Dinge – Die Vernetzung umschlingt uns, Andreas Dripke, Wolfgang Odenthal, 132 Seiten, Paperback, ISBN 978-3-947818-99-0

Die Rückkehr der Kernkraft – Warum Atomenergie unsere Zukunft ist, Andreas Dripke, Hang Nguyen, Marc Ruberg, 204 Seiten, Paperback, ISBN 978-3-947818-95-2

Spion im Smartphone – Wie unser Alltags-Begleiter zur Falle wird, Marc Ruberg et al., 208 Seiten, Paperback, ISBN 978-3-947818-85-3

Kampf ums All – Wie Jeff Bezos, Richard Branson und Elon Musk den Weltraum erobern, und die Rolle der NASA, der ESA, Russlands und Chinas, Andreas Dripke, 260 Seiten, Paperback, ISBN 978-3-98674-014-6

Wenn sich China und Russland verbünden... – Die Herausforderung der Freien Welt, Andreas Dripke, Hang Nguyen, Jamal Qaiser, 260 Seiten, Paperback, ISBN 978-3-98674-016-0

Widerstand gegen die digitale Überwachung – Wofür Julian Assange und Edward Snowden kämpften, Marc Ruberg, Detlef Schmuck, 220 Seiten, Paperback, ISBN 978-3-947818-93-8

Alles über Krypto – NFT, Blockchain, Bitcoin & Co, Andreas Dripke, Stephanie Stoerk, 160 Seiten, Paperback, ISBN 978-3-98674-007-8

Computer wie Götter – Die Rechenknechte übernehmen die Herrschaft, Andreas Dripke, Hang Nguyen, 148 Seiten, Paperback, ISBN 978-3-98674-005-4

Das Versagen des Westens in Afghanistan, Syrien und der Ukraine, Hang Nguyen, Jamal Qaiser, 148 Seiten, Paperback, ISBN 978-3-947818-97-6

Das Diesel-Desaster – Die Geschichte des größten deutschen Industrieskandals, Thomas Gronenthal et al., 340 Seiten, Paperback, ISBN 978-3-947818-83-9

Metaverse – Was es ist, wie es funktioniert, wann es kommt, Andreas Dripke, Marc Ruberg, Detlef Schmuck, 256 Seiten, Paperback, ISBN 978-3-947818-87-7

Klimakatastrophe – Wahn oder Wirklichkeit, Hang Nguyen et al., 184 Seiten, Paperback, ISBN 978-3-947818-49-5

Was nach dem Smartphone kommt – Eine Reise in unsere digitale Zukunft, Andreas Dripke et al., 152 Seiten, Paperback, ISBN 978-3-947818-69-3

Die digitale Zivilisation – Die Genesis und Zukunft unserer Informationsgesellschaft, Andreas Dripke, Harald A. Summa, 232 Seiten, Paperback, ISBN 978-3-98674-044-3

Ich bin nicht woke – Eine Widerrede gegen Gendern, Woke, Cancel Culture und anderes Gedöns, Mai Linh Tran, 184 Seiten, Paperback, ISBN 978-3-98674-065-8

Masterplan: Wie Elon Musk unsere Welt erobert, Andreas Dripke, 296 Seiten, Paperback, ISBN 978-3-98674-056-6

ChatGPT und LaMDA sind erst der Anfang – Wie Künstliche Intelligenz unser aller Leben verändert, Andreas Dripke, Tony Nguyen, Dr. Horst Walther, 200 Seiten, Paperback, ISBN 978-3-98674-067-2

Sebastian Thrun – Die autorisierte Biografie. Eine deutsche Karriere im Silicon Valley und was wir daraus für unser eigenes Leben lernen können. Andreas Dripke, 296 Seiten, Paperback, ISBN 978-3-98674-052-8

Über Diplomatic Council

Das vorliegende Werk ist im Verlag des Diplomatic Council (DC) erschienen: DC Publishing.

Das Diplomatic Council verknüpft einen globalen Think Tank, ein weltweites Business Network und eine Charity Foundation in einer einzigartigen Organisation mit Beraterstatus bei den Vereinten Nationen. Der Autor und der Herausgeber des vorliegenden Buches sind hochgeschätzte Mitglieder im Diplomatic Council.

Alle Mitglieder vereint die Überzeugung, dass die Wirtschaftsdiplomatie ein tragendes Fundament für die internationale Völkerverständigung und den friedlichen Umgang der Nationen darstellt. Aus dieser Erkenntnis heraus überträgt das Diplomatic Council das Ziel der globalen Völkerverständigung in ein ökonomisches Mandat. Die Methodik eines weltweiten Wirtschaftsnetzwerkes wird mit der diplomatischen Kommunikationsebene der Staaten dieser Erde untereinander verknüpft.

Vor diesem Hintergrund sind im Diplomatic Council Persönlichkeiten aus Diplomatie, Wirtschaft und Gesellschaft engagiert, die mit Augenmaß ausgewählt werden und die sich durch eine hohe Akzeptanz, eine hohe Kompetenz und ein mit den Grundpfeilern des Diplomatic Council übereinstimmendes Wertesystem auszeichnen. Ebenso sind Unternehmen willkommen, für die Corporate Social Responsibility weit mehr als nur ein Schlagwort ist.

Weitere Informationen: www.diplomatic-council.org/application

Über United Interim

United Interim (UI) ist das erste digitale Ökosystem im professionellen Interim Management der DACH-Region (Deutschland, Österreich, Schweiz). Für das Diplomatic Council ist United Interim daher der ideale Partner für die Fachbuchreihe „Von Interim Managern lernen“.

United Interim bringt alle am Interim-Business beteiligten Parteien auf einer Online-Plattform zusammen: jederzeit, offen, direkt und provisionsfrei. Unternehmen, die einen Interim Manager bzw. eine Interim Managerin suchen, können kostenfrei qualitätsgesicherte Kandidaten über die Plattform finden, kontaktieren – und direkt mit ihnen Projektverträge abschließen. Kein Vermittler steht dazwischen.

Für Interim Manager ist die Nutzung von United Interim der Goldstandard in der digitalen Selbstvermarktung. Die offene Plattform bringt ihnen Sichtbarkeit und Relevanz – präzise bei den Zielgruppen. Ihre Dienstleistung können sie auf professionelle Weise jederzeit anbieten und ihren CV, ihr Video, Ergebnisse eines Diagnostic Tools zur Persönlichkeit, Case-Studies und Kundenreferenzen sowie Fachbeiträge über ein Blog zur Verfügung stellen. Für die Nutzung der Infrastruktur von United Interim zahlen die Interim Manager eine monatliche Flatrate.

Provider und Vermittler sowie Kapitalbeteiligungsgesellschaften und Unternehmensberater können ebenfalls – als Nachfrager nach Interim Managern – kostenlos auf die Interim Manager und Managerinnen direkt zugreifen und im eigenen Projektgeschäft einsetzen. Das bringt den Interim Managern, die sich auf

United Interim präsentieren, zusätzlich weitere Projektanfragen.

Auf der Website von United Interim finden sich ebenfalls Partnerunternehmen, die geprüfte Dienstleistungen und Produkte rund um Interim Management zu günstigen Konditionen anbieten (zum Beispiel Berater für Positionierung und Unterlagen, Weiterbildung, berufsspezifische Versicherungs- und Finanzthemen oder Mobilität).

United Interim geht auf konkrete Anregungen von Kunden und Interim Managern zurück: Immer wieder wurden die Gründer Dr. Harald Schönfeld (Herausgeber des vorliegenden Fachbuchs) und Jürgen Becker gefragt, ob es denn nicht möglich sei, einfach selbst in Interim Manager-Datenbanken zu suchen und dort Projekte auszuschreiben. „Wie bei unseren Festanstellungen wissen wir doch auch bei Projektaufgaben ganz genau, welche Fähigkeiten wir suchen! Wir wissen nur nicht, wo!“, lauteten die Aussagen der Unternehmen. United Interim ist als Antwort auf diese Anforderungen entstanden.

UNITED INTERIM GmbH
Kohlrainstrasse 10, CH-8700 Küsnacht / ZH, Schweiz
E-Mail: info@unitedinterim.com, Web: www.unitedinterim.com

Quellen- und Literaturverzeichnis

„Wissen ist die einzige Ressource, die sich vermehrt, wenn man sie teilt" (Probst).

Aaker, Joachimsthaler: Brand Leadership, The Free Press, 2000

Albert: Mentaltraining für Sportler, riva, 2021

Allianz Global Risk & Speciality: Risk Barometer 2022, Zugriff 19.1.2022

Baumgarth: Markenpolitik, Gabler, 4. Auflage 2014

Bibel, Neues Leben, SCM Brockhaus, 4. Gesamtauflage 2021

Breitsohl, J.; Roschk, H.; Berger, C. (2018): Consumer Brand Bullying Behavior in Online Communities of Service Firms, in: Service Business Development, Hrsg.: Bruhn, M.; Hadwich, K., Wiesbaden, S. 289-312, 2018

Bundesministerium des Inneren und für Heimat (BMI): Deutsche Strategie zur Stärkung der Resilienz gegenüber Katastrophen, 13. Juli 2022

Burmann/Halaszovich/Hemmann: Identitätsbasierte Markenführung, Springer Gabler, 4. Auflage 2021

Coombs: Ongoing Crisis Communication, 5. Aufl., Sage publications, 2019

Dederichs: Risiko-Management und Risiko-Controlling, Vahlen, 2004

Denista, D.; Breitsohl, J.; Garrod, B.; Megicks, P.: Consumer Responses to Conflict-Management Strategies on Non-Profit Social Media Fan Pages. Journal of Interactive Marketing, 52, 118-136, 2020

Enkelmann N./Enkelmann C.: Alles beginnt im Denken, Enkelmann Erfolgs Edition, 2020

Enkelmann/Gorjinia: Die 11 Gesetze der Motivation, Enkelmann Erfolgs Edition, 2019

Esch: Strategie und Technik der Marken-Führung, Vahlen 2018

Esch/Vallaster: Mitarbeiter zu Marken-Botschaftern machen, Markenartikel 2/2004, S. 8-12; 46-47

Esch: Leben die Mitarbeiter ihre Marke?, FAZ, 9.1.2006

Esser, Schmidt: Markenbewertung etabliert sich auf der Top-Management-Agenda, Insights 5, ohne Jahrgang, Internetveröffentlichung bei bbdo-consulting.de unter (Abruf 27.6.2006)

Fasse: Risk-Management im strategischen internationalen Marketing, 1995

Fikar: Risikomanagement im Marketing, Peter Lang Verlag, Europäische Hochschulschriften, Bd. 3007, 2003

Fournier, S.; Eckhardt, G. M.: Putting the Person Back in Person-Brands: Understanding and Managing the Two-Bodied Brand. Journal of Marketing Research, 56(4), 602-619, 2019

Gaulke: Risikomanagement in IT-Projekten, Oldenbourg Verlag, 2. Auflage, 2004

Gleißner/Romeike: Risikomanagement und Scorecard, 2005

Herhausen, D.; Ludwig, S.; Grewal, D.; Wulf, J.; Schoegel, M.: Detecting, Preventing, and Mitigating Online Firestorms in Brand Communities. Journal of Marketing, 83(3), 1-21, 2019

Janert: Im Netz des Hasses, FAZ, Seite C 1, 17.9.2022

Joachimsthaler/Pfeiffer: Getting the most out of your branding effort, S. 38-41, Markenartikel 4/2002

Khamitov, M.; Grégoire, Y.; Suri, A. (2020): A systematic review of brand transgression, service failure recovery and product-harm crisis. Journal of the Academy of Marketing Science, 48(3) 519-542, 2020

Kriegbaum: Markencontrolling, Econ 2001

Limbeck: Dodoland – uns geht's zu gut! – Warum wir alle wieder mehr leisten müssen, Ariston, 2022

Manager Magazin: TOP INTERIM MANAGER – Beilage im Manager Magazin 10/21 (yumpu.com)

McCormack: I'm here to win, Spomedis, 2012

Meyer: Gib niemals auf, Joyce Meyer Ministries, 3. Auflage 2018

Muchna: Strategische Marketing-Früherkennung auf Investitionsgütermärkten, DUV, 1988

Müller: Frühaufklärungssysteme im Rahmen des Marketing-Controlling in Pepels: Marketing-Controlling-Organisation, Erich Schmidt Verlag, 2003

Romeike/Finke: Erfolgsfaktor Risikomanagement, Gabler, 2003

Romeike/Hager: Erfolgsfaktor Risikomanagement 4.0, Springer, 2020

Schäfer: Die Gesetze der Gewinner, Bodo Schäfer Akademie, 2018

Schiller: Risikomanagement Marken-Tools, in absatzwirtschaft marken 2005

Schiller: Brand-Gefahren bannen, in acquisa 02/2005

Schiller/Erben/Hebeis: Risikomanagement für Marken, Wiley, 2004

Schmahl: Marken-Controlling in Pepels (Hrsg.): Marketing-Controlling-Kompetenz, Schmidt, 2003

Stahl: Risiko- und Chancenanalyse im Marketing, Europäische Hochschulschriften, Bd. 1245, 1992

Stäbler, Fischer: When Does Corporate Social Irresponsibility Become News? Evidence from More Than 1,000 Brand Transgressions Across Five Countries. Journal of Marketing, 84(3), page 46-67, 2020

Tiemann, F. M. (2007): Ereignisinduzierte Markenkrisen, Thomas Lang Verlag, 2007

Weyler: Wirkungen von Markenkrisen, Springer Gabler, 2013